自然時拾樂

河口

口袋裡的大自然！

　　台灣位在亞熱帶，氣候溫暖，加上地形多變，從海濱到三千公尺以上的高山都有，因而造就出不同的生態環境及棲地型態，真是一座生態寶島。

　　走進大自然裡，一花一木、一草一樹，或者蟲鳴魚躍等，都令人感動萬分。現在網路資訊十分發達，大部分的生物種類只要打名稱關鍵字，都可以查到一些基礎的訊息。不過，即便是今日筆記型電腦越設計越輕便，智慧型手機也都可以連上網路，但許多郊外的自然觀察點不一定都能無線上網。這時，一本可以放進口袋，查詢容易的小圖鑑，就如同身邊有一位知識豐富的導覽員，隨時可以進行現場解說。而且手握一書的溫潤感，是現代化的 3C 產品不能比擬的。

　　「自然時拾樂」系列套書的出版，就是為了讓喜歡接近大自然的朋友，不受限於環境，隨時都能掌握各種生物的基礎資訊。本套書以生態環境或易觀察地區為分冊依據，包括紅樹林、溪流、河口、野塘、珊瑚礁潮間帶、校園、步道植物，也針對許多人喜歡的自然現象，例如將千變萬化的雲編輯成書。

　　全套共 8 冊，開本以 9X16 公分的尺寸編輯成冊，麻雀雖小、五臟具全，每一冊都包括了一百多種不同的生物，而且每一種生物都搭配精美照片，方便讀者觀察生物的特徵及生態行為，也有小檔案提供讀者能夠快速一目了然生物的基本資訊，讓人人的口袋裡都有大自然，隨手一翻，自然就在身邊。

關懷河口的美麗大地

　　台灣是個人人稱羨的「福爾摩沙」美麗之島。合宜的氣候與多樣的地形地貌，造就了絕佳的棲息環境，成為眾多野生動、植物生活的天堂。尤其在河海交會的河口區域，河水夾帶著由陸地沖刷而來的豐富養分及食物，使河口成為生物聚集、覓食及繁衍的地點，也是候鳥停留的首選。如今台灣的自然環境雖然有日漸惡化的趨勢，但各地的河口、海濱，仍常可見數量驚人、種類繁多的生物，每天上演著各具特色的生活戲碼。

　　台灣地區長達一千多公里的海岸線，共有21條主要河川，29條次要河川及81條普通河川奔流入海，對島上的國人而言，近在咫尺且豐富多樣的河口地區可說是絕佳的生態教室。

　　感動，是愛護生態環境的先備條件，也只有親身體驗的感動，才可能感動別人。一個不曾赤腳踩過河口沙泥的人，無法體會台灣蓬勃生命力的源頭；一個不曾聞過海濱野花香氣的人，無法瞭解海濱植物沁鼻的芳香；一個不曾親自造訪河口野生動物的人，無法關懷這片可人的大地與無限的生命力。本書運用精美的生態照片與淺顯易懂的字句，一步步引導您走入繽紛多彩的河口生物世界，讓您輕鬆地認識河口地帶許多天上飛、地上爬與水裡游的生物，欣賞牠們多姿多采而有趣的生態習性，以及牠們棲息環境的現況。

　　帶著您的感動、帶著您的讚嘆，將這些點點滴滴使用手機或相機寫下扣人心弦的觀察筆記，利用無遠弗屆的網路科技，與親朋好友更與世界共同分享您的喜悅，讓我們一起重新認識河口、欣賞河口、關懷這片美麗的大地。

河口的環境

　　河口是河流與海洋交會的地方，而河口潮間帶，是海水漲潮時會被海水淹沒，退潮時，會露出水面的區域。由於河流會從上游帶來龐大的泥沙及有機碎屑，提供豐富的食物來源，吸引許多生物棲息、覓食；這裡也是我們最容易親近海洋的地方，更是最棒的自然教室。

　　潮間帶環境一般可分為沙灘、泥灘、礫石灘、紅樹林、草澤等。由於每天潮來潮往，這裡的生

物會受到波浪、溫度、鹽度的影響，因此必須具備某些特殊的本領，才能適應這種海陸劇變的環境；加上潮汐常有規律性，大多數的生物在生理、生殖行為上，也都會呈現節律性的現象。

　　有空到河口潮間帶走走，將會發現這些形形色色的生物，以及許多讓你意想不到的特異功能和有趣的生態行為。

行前準備

旅遊資訊：

❶交通路線圖 ❷聯絡電話 ❸旅遊簡介 ❹天氣預報 ❺旅遊計畫 ❻交通（公車時刻表）

服裝穿著

長袖長褲運動型休閒服裝（防蚊蟲叮咬）、運動鞋、輕便型雨衣。

❶夏天：夏天豔陽高照，注意防曬（塗抹防
曬油、遮陽傘）及多喝開水，預防中暑。

❷冬天：冬天東北季風風強冷冽，注意穿著
保暖防風衣物。

隨身裝備

開水或礦泉水、背包、防水手套、帽子。

探索工具

望遠鏡、圖鑑（鳥、蟹、魚、植物等）、筆（含色筆）、筆記本、地圖、放大鏡、小鏟子、小水桶、雨鞋、觀察箱、指南針。

健康維護

攜帶健保卡及個人隨身常用藥品。

防水手套　　　　　小水桶　　　　　筆和筆記本

地圖　　　　　放大鏡　　　　　小鏟子

觀察箱　　　　　雨鞋　　　　　圖鑑

指南針　　　　　望遠鏡　　　　　帽子

王美鳳繪

目次

鳥類篇 13

本書使用方式

生物名稱　　　局部特寫

生物照片　　　圖片說明文字

引起探索與興趣的標題

有趣的延伸知識或
達人觀察的小撇步

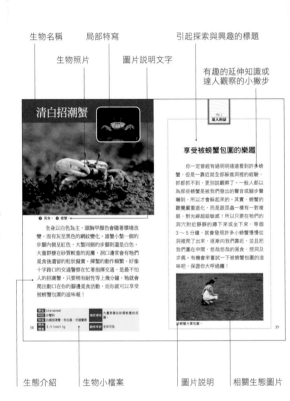

清白招潮蟹

❶ 覓食。❷ 雄蟹。

全身以白色為主，頭胸甲顏色會隨著環境改變，而有灰至黑色的網紋變化。雄蟹小螯一個的步腳內側呈紅色，大螯同側的步腳則是白色，大量群棲在砂質較重的泥灘，洞口邊常會有牠們覓食後遺留的粒狀擬糞，揮螯的動作頻繁，好像十字路口的交通警察在忙著指揮交通，是最行人的招潮蟹。只要稍有耐性等上幾分鐘，牠就會爬出洞口在你的腳邊覓食活動，而你就可以享受被螃蟹包圍的滋味喔！

學名	Uca lactea
科別	沙蟹科
別名	白扇招潮蟹、夯白扇、夯過暑蟹
棲地環境	河口泥灘、次礁礫岸
棲寬度	8 /1.1cm/1.1g	觀察季節	全年可見

達人的話

享受被螃蟹包圍的樂趣

你一定曾經有過明明遠遠看到許多螃蟹，但是一靠近就全部躲進洞裡的經驗，抓都抓不到，更別說觀察了。一般人都以為那些螃蟹是被我們發出的聲音或腳步聲嚇到，所以才會躲起來的。其實，螃蟹的聽覺嚴重退化，而是跟昆蟲一樣有一對複眼，對光線超級敏感！所以只要在牠們的洞穴附近靜靜的蹲下來或坐下來，等個3～5分鐘，就會發現許多小螃蟹慢慢從洞裡爬了出來，逐漸向我們靠近，並且把我們圍在中間，悠哉悠哉的覓食、挖洞及求偶。有機會來嘗試一下被螃蟹包圍的滋味吧，保證你大呼過癮！

讓螃蟹大軍包圍。

生態介紹　　　生物小檔案

圖片說明　　　相關生態圖片

鳥類篇

大白鷺

① 起飛。 ② 好長的脖子。

　　河口濕地越來越普遍的冬候鳥。全身白色，頸部很長，站立時呈 S 形非常特別。腿灰黑色，腳、趾都是黑色。夏天時嘴黑色，眼先是藍綠色，背及前頸下部有很長的飾羽。冬天時嘴與眼先是黃色，背及前頸沒有飾羽。大白鷺喜歡和小白鷺一起活動，覓食時，常會伸長脖子向前斜望，當魚兒游到牠取食的範圍時，快速準確的啄取獵物。牠們飛翔的姿態非常優美，常讓人驚豔不已。

學名 Egretta alba	
科別 鷺科	**棲息環境** 喜歡棲息在潮間帶上半部，較乾燥地方。
14　**體長** 約90cm	觀察季節：10～4月較常見

小白鷺

① 抓到小魚了。 ② 理毛。

　　全身白色，嘴黑色，腳黑色，但是腳趾像穿上黃色的鞋子一樣，非常醒目。腳及頭部很長，是非常普遍的留鳥。繁殖期間，牠的頭、胸、背會長出優雅的蓑羽或飾羽，直到秋季再脫落。常出現在河口潮間帶，以魚蝦為主食。覓食時常會用腳在水中攪動，再以尖嘴捕食驚竄的魚類。常與黃頭鷺、夜鷺集體築巢，所以在清晨及黃昏可以看到牠們交換班時鷺鷥滿天飛舞的畫面，十分壯觀。

學名	*Egretta garzetta*
科別	鷺科
別名	白翎鷥
體長	約 60cm

| 棲息環境 | 常出現在河口潮間帶。 |
| 觀察季節 | 全年可見 |

15

黃頭鷺

❶ 警戒。 ❷ 黃頭鷺飛翔。

　　嘴為橙黃色，腳與趾為黑褐色，是非常普遍的夏候鳥、留鳥。夏季時，頭、胸、背等處會出現橙黃色飾羽；冬季則全身白色，沒有飾羽。偶而會發現頭部略有黃的個體。以昆蟲為主食，也會吃魚、蛙等水中動物。常出現在農村田間、草原、沼澤等地區。在繁殖季時常與小白鷺、夜鷺等其他鷺科鳥類共同築巢。

學名	*Bubulcus ibis*	棲息環境	常出現在農村田間、草原、沼澤等地區。
科別	鷺科		
別名	牛背鷺		
體長	約50cm	觀察季節	全年可見

夜鷺

❶ 夜鷺覓食。 ❷ 夜鷺亞成鳥。

　　成鳥的背部、頭頂為黑藍色有光澤，頭後有 2 ～ 3 根白色長飾羽，翼、腰至尾羽鼠灰色，眼睛橙色或黃色，繁殖時眼睛為紅色，是非常普遍的留鳥。亞成鳥背面褐色，有淡黃褐色斑點，腹面羽色較淡，有縱斑，體型比成鳥要大一些。夜鷺偏愛夜間活動，白天在水邊也常會看到牠們的身影。牠們的成鳥與亞成鳥羽色差異很大，所以在成群的夜鷺裡，我們可以很容易分辨出牠們的長幼。喜歡跟小白鷺、黃頭鷺集體築巢。

學名	Nycticorax nycticorax	棲息環境	偏愛夜間活動，白天在水邊也常可看到。
科別	鷺科		
別名	暗光鳥		
體長	約 58cm	觀察季節	全年可見

蒼鷺

　　是潮間帶能見到的最大型鳥類,在適當的環境裡常可見大群聚集。一旦選好棲息地後,很少會再遷徙。飛行時緩慢揮動翅膀姿態非常優雅,發出音階較高似「刮、刮」粗啞的聲音,腳向後伸直,頸縮於背成 Z 字形。喜歡棲息在潮間帶及寬廣的河口濕地,以小魚、蟹類、蛙類或昆蟲為主食。

學名	*Ardea cinerea*		
科別	鷺科	棲息環境	潮間帶及寬廣的河口濕地。
別名	海腳仔		
體長	可達 93cm	觀察季節	10～4 月較常見

埃及聖䴉

① 飛翔。
② 成群結隊。

　　嘴喙長而下彎，呈有光澤的漆黑色，頭及頸上方裸露，裸露皮膚也是漆黑色。除腰及翼端上的飾羽為漆黑色，其餘羽毛為白色。腳黑色，眼褐色有紅色外圈。原分布於非洲，是埃及國鳥。在民國 85 年間由六福村野生動物園逃出，經過十多年來的大量繁殖，如今在河口潮間帶已經隨處可見牠們覓食的蹤跡了。

學名 *Hreskiornis aethiopica*
科別 朱鷺科
體長 約90cm

棲息環境 河口潮間帶。
觀察季節 全年可見

19

高蹺鴴／長腳鷸

　　嘴黑色細長筆直，腳非常長，淡紅色，是最明顯的特徵。喜歡在沼澤地、潮間帶淺水區活動，會將頭伸入水中覓食，以軟體動物、甲殼類、環節動物和昆蟲為食。原本為不普遍冬候鳥或過境鳥，但是目前在各地河口潮間帶，卻全年都可見到牠們的蹤影。

學名	*Himantopus himantopus*	棲息環境	喜歡在沼澤地、潮間帶淺水區活動。
科別	長腳鷸科		
體長	約36cm	觀察季節	全年可見

保護幼鳥

高蹺鴴幼鳥屬早熟性（就是一出生就可以自行活動與覓食），但親鳥對幼鳥或卵呵護倍至，只要一發現有陌生人等接近，就會用咆哮、擬傷與飛行俯衝等手段來嚇走敵人，其他高蹺鴴如果過於接近其領域，也會大打出手，將牠趕走。

幼小高蹺鴴的羽色為黃褐色與親鳥的黑白分明、豔麗雙腿不同，為的是有更好的隱蔽功能，非常有趣！

❶ 雛鳥。 ❷ 擬傷欺敵。

21

東方環頸鴴

① 覓食。
② 卵。

　　頭頂、翼和背部深褐色，下半身雪白，雄鳥額頭有明顯黑斑，眼睛有寬厚的黑色過眼帶，這是雌鳥所沒有的。頸部有黑色環帶，但在前胸中斷或模糊，雌鳥的環帶比較淡。屬於普遍冬候鳥及留鳥，在濱海水域或水田中較為常見，在潮間帶全年可見到牠們的蹤跡，冬季有時還會進入收割後積水的稻田中覓食。

學名 *Charadrius alexandrinus*
科別 鴴科
體長 約18cm
棲息環境 濱海水域或水田中較為常見。
觀察季節 全年可見

　　嘴黑色稍長而下彎，腳也是黑色。冬天時，背面羽毛為灰色，下腹白色。春天時背羽轉成黑褐和磚紅色，下腹出現黑色羽。濱鷸為群居性鳥類，常成群結隊活動於潮水線附近，以相當快速的動作在灘地上覓食，社群關係十分緊密。

學名　*Calidris alpina*
科別　鷸科
體長　約19cm

棲息環境　喜歡棲息在潮間帶上半部，較乾燥地方。
觀察季節　全年可見

磯鷸

　　嘴暗褐色，腳黃褐色。背面褐色，翼上有明顯的波狀黑紋，下腹雪白色，白色羽由翼間向上延伸到頸側，形成醒目的凸起白斑塊。時常單獨活動於海濱堤岸或礫石灘，領域性強。常會看到牠們快步行走啄食，活動時會不斷的上下擺動尾羽，相當特別。

學名	*Tringa hypoleucos*		棲息環境	海濱堤岸或礫石灘。
科別	鷸科			
體長	約20cm		觀察季節	全年可見

青足鷸

　　嘴灰鉛色稍粗而上翹；雙腳稍長呈藍綠色。
冬天時背部羽毛灰褐色，邊緣白色；春天時頭頂
至後頸部為灰色，有灰黑色縱斑紋。覓食時獨自
進行，速度快且大步，會發出「ㄍㄧㄩ－ㄍㄧ
ㄩ－ㄍㄧㄩ－」的響亮聲音，休息時會成群聚
集。屬於普遍冬候鳥或留鳥，在濱海及附近的水
田或魚塭中較常看見。

學名 *Tringa hypoleucos*
科別 鷸科
體長 約35cm
棲息環境 濱海及附近的水田或魚塭。
觀察季節 全年可見

25

赤足鷸

　　看牠的名字就知道腳與紅色有關，羽色和其他鷸科的鳥類還蠻相似的，不過可以從牠紅橙色腳的特徵，及嘴巴前半段黑色，後半段紅色來辨認是否是赤足鷸。屬於冬季普遍的冬候鳥，冬季時會大量出現在田野及潮間帶的淺水區域。

學名	*Tringa tetanus*		棲息環境	田野及潮間帶的淺水區域。
科別	鷸科			
體長	約28cm		觀察季節	10～3月

紅冠水雞

① 覓食。 ② 雛鳥。

　　全身羽毛呈黑色；嘴是紅色前端為黃色，腳黃綠色，尾下覆羽兩側有橢圓形白斑。屬於非常普遍的留鳥，通常小群出現於池塘、沼澤、水田及溪邊等草澤地帶，善於游泳，浮游水面時常翹動尾羽，優閒自在，很少會看到牠拍翅起飛的畫面。

學名 *Gallinula chloropus*
科別 秧雞科
體長 約33cm

棲息環境 池塘、沼澤、水田及溪邊等草澤地帶。
觀察季節 全年可見

27

白腹秧雞

❶ 白腹秧雞。 ❷ 雛鳥。

　　嘴黃綠色上嘴基部紅色，腳黃綠色，背面為黑色，腹部大致為白色，但下腹部及尾下覆羽為栗紅色。為非常普遍的留鳥，生性害羞、警戒心強、不容易看到。覓食活動十分謹慎而敏感，經常一邊行動一邊抬頭張望四周，如有風吹草動就會快速躲進掩蔽處。白腹秧雞有一種十分特殊的生態行為；那就是雌雄成鳥所繁殖的第一代長大後，不會馬上離開，會協助成鳥孵育第二代。

學名	*Amaurornis phoenicurus*	棲息環境	池塘、沼澤、水田及溪邊等草澤地帶。
科別	秧雞科		
體長	約29cm	觀察季節	全年可見

緋秧雞

　　是體型最小的秧雞科鳥類。背部灰棕色，尾及腹下有白斑。嘴灰黑，頭頸胸褚紅色，腳和眼睛紅色。是非常普遍的留鳥，全身呈現以紅色為主。是著名的獨行俠，生性害羞，喜歡在沼澤四周的草叢附近活動，但只會涉水，不會游泳，喜歡在隱密草叢濕地間的習性，不易讓人發現。在清晨和黃昏時，比較容易發現牠們的蹤跡。每年三、四月是牠們的繁殖期，可以看到精采的求偶行為。

學名	*Porzana fusca*	棲息環境	沼澤四周的草叢附近活動。
科別	秧雞科	觀察季節	全年可見
體長	約 23cm		

小燕鷗

　　夏季時，嘴黃色但先端黑色，腳橙黃色，喉嚨到頸部，及胸部為白色，頭頂至後頸，及過眼線都是黑色，背部淺灰色；冬羽大致和夏羽相似，但嘴巴為黑色，腳黑褐色；頭部的黑色範圍較窄，僅頭頂至後頸。幼鳥羽色大致像成鳥的冬羽，但頭頂至後頸、背部皆為褐色斑點。屬於不普遍的夏候鳥、留鳥。常成群在潮間帶、沼澤或魚塭上空飛翔盤旋，如發現水中魚蝦，立刻俯衝捕食，捕獲後立即離水升空，動作俐落捕魚技術高超。

學名 *Sterna albifrons*
科別 鷗科
體長 約28cm

棲息環境 潮間帶、沼澤或魚塭。
觀察季節 全年可見

翠鳥

❶ 覓食。　❷ 母鳥下喙紅色。

　　頭上至後頸暗綠色有光澤，密布淡藍色斑點，背部至尾部藍色有光澤，眼先至耳羽橙黃色，前後方有白斑，喉白色，胸以下橙色，雌雄大致相似，但雌鳥下嘴基部紅色。屬於非常普遍的留鳥，是捕魚高手，常單獨在水邊活動，棲息在視野良好的樹枝或突出處，專心注視水底動靜，當小魚游近停棲處，就會立即飛起，用幾乎垂直方式衝入水中捉魚。飛行時，在水面邊叫邊飛，速度快而且呈直線，也會在水面上定點鼓翼鎖定水中小魚後，快速衝入水中捕食。常會用喙尖咬緊魚尾部反覆在樹枝上摔打，直到魚摔昏或死亡時，才將魚整條吞入口中。

學名　*Alcedo atthis*
科別　翡翠科
別名　釣魚翁，或魚狗
體長　約16cm

棲息環境　常單獨在水邊活動，棲息在視野良好的樹枝或突出處。
觀察季節　全年可見

31

黃鶺鴒

　　嘴尖細，尾羽外側為白色且略長，夏天時頭上、背至腰、小覆羽都呈橄欖綠色，冬天則變成暗灰褐色。屬於普遍的冬候鳥。停棲時會上下擺尾，飛行時呈大波浪狀，並伴隨著「唧、唧」或「唧唧…」的叫聲，以昆蟲為主食。

學名	*Motacilla flava*
科別	鶺鴒科
別名	牛屎鳥
體長	約 17cm

棲息環境	河谷、林緣、原野、池畔。
觀察季節	10～4 月較常見

尖尾鴨

① 飛翔。 ② 尖尾鴨。

　　頭部暗褐色，頸、背灰色，前頸至腹部為白色，後頭側有一白線延伸至頸側，相當醒目。嘴黑色，頭頂和頸背褐色有黑斑，頸為淡黃色。屬於普遍冬候鳥。尖尾鴨善於飛行，稍有動靜，就會立刻起飛，常成群在海灘、河川等水域活動覓食。

學名	*Anas acuta*	**棲息環境**	海灘、河川等水域。
科別	雁鴨科		
體長	雄鳥身長約 75cm，雌鳥約 53cm。	**觀察季節**	9～4 月較常見

赤頸鴨

　　雄鳥頭至上頸為栗褐色，額至頭頂乳黃色，體側有一白斑甚為醒目；雌鳥全身大都為紫褐色。屬於普遍冬候鳥。飛行時快而有力，有響亮的叫聲，棲息在濱海沼澤、沙灘、魚塭等水域。以植物嫩芽、稻穀為主要食物。經常出現在河口、海岸的沼澤地帶覓食。

學名 *Anas penelope*
科別 雁鴨科
體長 約50cm

棲息環境 濱海沼澤、沙灘、魚塭等水域。
觀察季節 10〜4月較常見

螃蟹篇

❶ 黑色剪刀手。　❷ 背部。

　　牠的頭胸甲呈梯形，頭胸甲表面光滑，深褐至灰褐色。螯腳呈剪刀狀，小螯指端呈湯匙狀。喜歡棲息在潮間帶上半部較乾燥地方。是台灣特有種，目前只有新竹香山、彰化伸港及台南曾文溪口有較大的族群。喜歡生活在陽光充足的硬質泥灘，因此千萬不要在牠家附近種紅樹林(水筆仔)，否則牠們可就要馬上搬家哦！

學名	*Uca formosensis*		
科別	沙蟹科	棲息環境	喜歡棲息在潮間帶上半部，較乾燥地方。
別名	黑色剪刀手		
體長體重	♂ /3.4cm/10.9g	觀察季節	全年可見

弧邊招潮蟹

① 背部網格花紋。　② 雌蟹。

　　雌、雄蟹的甲殼、步腳以褐色調為主，頭胸甲常見深色的網狀花紋，變化極大。雄蟹大螯的掌節密布疣狀顆粒呈橘紅色，不可動指與可動指白色，螯腳形狀像尖嘴鉗一樣。喜歡棲息在紅樹林附近較為泥濘的泥灘與沼澤，會築火山形或稱煙囪狀的洞口，生性較為隱密，揮動大螯的動作緩慢，遇有干擾時會快速地跑到洞內躲藏。

學名	*Uca arcuata*		
科別	沙蟹科	棲息環境	紅樹林附近較為泥濘的泥灘與沼澤。
別名	提琴手蟹、網紋招潮蟹、火山勇士		
體長體重	♂ / ♀ /3.8cm/14.5g	觀察季節	全年可見

清白招潮蟹

① 覓食。 ② 雌蟹。

　　全身以白色為主，頭胸甲顏色會隨著環境改變，而有灰至黑色的網紋變化。雄蟹小螯一側的步腳內側呈紅色，大螯同側的步腳則還是白色。大量群棲在砂質較重的泥灘，洞口邊常會有牠們覓食後遺留的粒狀擬糞。揮螯的動作頻繁，好像十字路口的交通警察在忙著指揮交通，是最不怕人的招潮蟹。只要稍有耐性等上幾分鐘，牠就會爬出洞口在你的腳邊覓食活動，而你就可以享受被螃蟹包圍的滋味喔！

學名	*Uca lacteal*		
科別	沙蟹科	棲息環境	大量群棲在砂質較重的泥灘。
別名	白扇招潮蟹、夯白扇、交通警察		
體長體重	♂ /1.1cm/1.1g	觀察季節	全年可見

享受被螃蟹包圍的樂趣

你一定曾經有過明明遠遠看到許多螃蟹，但是一靠近就全部躲進洞裡的經驗，抓都抓不到，更別說觀察了。一般人都以為那些螃蟹是被我們發出的聲音或腳步聲嚇到，所以才會躲起來的。其實，螃蟹的聽覺嚴重退化，而是跟昆蟲一樣有一對複眼，對光線超級敏感！所以只要在牠們的洞穴附近靜靜的蹲下來或坐下來，等個3～5分鐘，就會發現許多小螃蟹慢慢從洞裡爬了出來，逐漸向我們靠近，並且把我們圍在中間，悠哉悠哉的覓食、挖洞及求偶。有機會來嘗試一下被螃蟹包圍的滋味吧，保證你大呼過癮！

被螃蟹大軍包圍。

糾結清白招潮蟹

① 正面。
② 背面。

　　外形和清白招潮蟹十分相像。最大的不同在眼窩外齒比較向外側突出，雄蟹的大螯不可動指指端附近的三角齒比較明顯。另外頭胸甲上面黑白相間斑紋和細長步腳的棕黑色斑紋，都是容易辨認的特點。喜歡棲息在河口的泥灘地上。揮螯的動作和清白招潮非常相似。

學名	*Uca perplexa*	棲息環境	河口的泥灘地上。
科別	沙蟹科		
體長體重	♂/1.5cm/1.4g	觀察季節	全年可見

黃螯招潮蟹

① 正面。
② 雌蟹。

　　頭胸甲及步腳顏色呈灰至褐色調，雌蟹的小
螯灰白色，雄蟹大螯掌節不可動指為鮮豔的黃
色，掌節密布疣狀顆粒，整隻大螯很像老虎鉗的
形狀。喜歡棲息在又濕又軟的開闊潮間帶，常成
群毗鄰而居，觀察容易。揮螯的動作和緩，舉到
最高處時身體會隨著抬起來。黃色的螯腳鮮豔亮
麗，十分討人喜歡。

學名	*Uca borealis*		
科別	沙蟹科	棲息環境	又濕又軟的開闊潮間帶。
別名	黃螯招潮蟹、凹指招潮蟹		
體長 體重	♂ /3.2cm/5.1g	觀察季節	全年可見

屠氏招潮蟹

① 正面。 ② 背面。

　　雄蟹呈褐色，幼蟹的背甲及步足有淡藍色斑塊，雌蟹也常見淡藍色斑。背甲呈梯形，眼窩外齒尖銳。雄蟹大螯上有細白斑，掌節外側下方至不可動指為橙紅色，螯指外側各有凹槽。雌的幼蟹洞口也會有煙囪構造。喜歡在泥灘地上活動。河口、紅樹林潮間帶或礁岩後方泥灘地都有分布。但族群數量不多。

學名	*Uca dussumieri*
科別	沙蟹科
體長體重	♂ /2.9cm/4.2g

| 棲息環境 | 河口、紅樹林潮間帶或礁岩後方泥灘地。 |
| 觀察季節 | 全年可見 |

三角招潮蟹

① 挖洞。（王美鳳攝）
② 背面。（王美鳳攝）

　　頭胸甲呈現短梭狀，甲兩側有一突刺，雄蟹一大一小，為台灣最小的招潮蟹。背甲前半部及螯為金黃色散有黑褐色細斑點，背甲後半部及各步足為黑色而雜有稀疏的白斑點。活動在高潮線的紅樹林底層或礁岩海岸礁石後方的沉積沙泥地。數量不多，要有好運氣才看得到。

學名	*Uca triangularis*	棲息環境	高潮線的紅樹林底層，或礁岩海岸礁石後方的沉積沙泥地。
科別	沙蟹科		
體長體重	♂ /1.5cm/1.2g	觀察季節	全年可見

四角招潮蟹

❶ 挖洞。（王美鳳攝）
❷ 背面。

　　頭胸甲呈梯形，眼窩外齒小，側緣長有顆粒狀突起，以雌蟹的顆粒較大。雌蟹背甲後側有一長方形短毛叢。背甲表面呈藍色，上有藍黑及黃白色斑紋，體色有個別差異。雄蟹大螯呈橙紅色或棕黃色，上有紅橙色斑點。步足以紅色及黑色互相夾雜為主。喜歡棲息在海灣珊瑚礁、岩礁間的高潮線附近或沉積的沙泥灘，及珊瑚礁洞穴。

學名	*Uca tetragonon*	棲息環境	海灣珊瑚礁、岩礁間的高潮線附近、沉積的沙泥灘，及珊瑚礁洞穴。
科別	沙蟹科		
體長體重	♂ /2.1cm/1.4g	觀察季節	全年可見

44

① 正面（雌）。
② 背面（雄）。

　　頭胸甲呈寬扇形，背甲隆起，眼窩最外齒尖
銳，雄螯大小左右差異大。雄蟹背甲顏色變化
多，以紅黑藍為主，藍黑區上常有白斑塊，眼柄
長而且多為綠色。螯足光滑呈鮮紅色。受驚嚇時
甲色會瞬間變暗。喜歡棲息在海灣潮間帶礁石間
的沉積泥灘及河口、紅樹林沼澤高潮線附近的泥
灘地。

學名 Uca crassipes	
科別 沙蟹科	**棲息環境** 海灣潮間帶礁石間的沉積泥灘及河口、紅樹林沼澤高潮線附近的泥灘地。
別名 紅豆招潮	
體長體重 ♂/4.1cm/ 17.4g	**觀察季節** 全年可見

勝利黎明蟹

❶ 正面。 ❷ 背面布滿紅色斑點。

　　頭胸甲略呈扁平接近圓形，前、後側緣及中央各有一個銳利的側棘。螯腳對稱，四對步腳都扁平呈槳狀。黃色甲面布滿紫紅色小點。喜歡棲息在淺水的泥、沙海岸的潮間帶至亞潮帶。鑽沙能力非常強，退潮時常潛伏於沙中，漲潮時鑽出沙外活動，尤其在潮水前端出現最多，喜歡捕食海和尚來吃。

學名	*Matuta victor*	棲息環境	目前只有新竹香山、彰化伸港及台南曾文溪口有較大的族群。
科別	饅頭蟹科		
別名	頑強黎明蟹、沙隨、金錢蟹、潛沙蟹、鑽沙蟹、鑽沙高手		
體長 體重	♂/4.1cm/ 17.4g	觀察季節	4～11 月

角眼拜佛蟹

① 揮螯。 ② 正面。

　　頭胸甲及步腳的顏色灰褐，並密布著深色的斑紋，形成極佳的保護色。兩隻小巧的螯腳同大，掌節與兩指節為藍紫色。因眼睛上方各有一個突起的角狀物而得名。迷你的體型十分可愛，喜歡棲息在潮間帶土質較硬的環境，退潮後就在洞口附近一邊覓食，一邊不時高舉雙螯揮舞，就像在拜拜或日本武士切腹自殺的模樣，有意思吧！

學名	*Tmethypocoelis ceratophora*		
科別	沙蟹科	棲息環境	潮間帶土質較硬的環境。
別名	角眼切腹蟹、日本武士		
體長體重	♂ /0.5cm/0.7g	觀察季節	全年可見

47

斯氏沙蟹

① 抱卵的斯氏沙蟹。　② 你看到我嗎（幼蟹）。

　　背甲接近方形，身體圓凸並呈墨綠色，眼睛非常大，非常漂亮。八隻步腳細長，善於奔跑、掘沙，腳上都有剛毛。以沙中的有機物、或其他蟹類、藻類為食。幼蟹體色和沙很接近，具有很好的保護色。四對步腳特別長，螯腳一大一小，大螯掌節有一條像斷掌一樣的發聲隆脊，會發出喀喀的聲音。通常棲息在高潮線附近的沙灘上，洞口附近常被牠堆滿鬆散的泥沙。牠的行動十分快速，經常捕捉和尚蟹、股窗蟹來吃。也常常可以看見牠們一邊覓食一邊跳扭扭舞，十分有趣。

學名	*Ocypode stimpsoni*		棲息環境	高潮線附近的沙灘上。
科別	沙蟹科			
別名	鬼蟹、幽靈蟹、痕掌沙蟹、幽靈殺手			
體長體重	♀ /2.4cm/21g		觀察季節	全年可見

沙灘上的超級變色龍

斯氏沙蟹在安全的環境時，體色會呈現接近紅色的狀態，可造成警示的效果，免於天敵或人類的威脅。但當其受到驚嚇時，體色會迅速變成保護色，使敵人不易查覺，進而趁機逃離危險。在炎熱又晴朗無風的日子，你就有機會親眼目睹斯氏沙蟹在 3～5 分鐘內，由鮮紅的顏色，瞬間變成與沙土一般灰暗的色彩，以躲避敵人攻擊的神奇特異功能。斯氏沙蟹為了延續自己的生命，並成為優勢族群，所以發展出一套特有的變色模式，令人覺得不可思議！ 稱牠為「沙灘上的超級變色龍」實在是非常貼切。

角眼沙蟹

❶ 背面。　❷ 正面。

　　成熟雄蟹眼睛上方具有角狀突起，像眼睛長角一樣，因此得名。雌、雄蟹體色相同，頭胸甲與步腳褐色帶有紅色，一大一小的螯腳呈白色，螯腳掌節、可動指與不可動指的兩指節外緣呈鋸齒狀。因為牠的步腳特別長，在沙灘上行動迅速，無蟹能及。牠的洞口除了有挖掘出來的散沙外，還常可見濾食沙中有機質後所遺留的粒狀擬糞。

學名	*Ocypode ceratophthalma*		
科別	沙蟹科	棲息環境	高潮線附近的沙灘上。
別名	角眼幽靈蟹、沙馬仔、百米金牌		
體長 體重	♂ /4.6cm/35g	觀察季節	全年可見

跟角眼沙蟹賽跑

　　角眼沙蟹奔跑的速度非常快，每秒可高達 3.5 公尺左右！所以能遠離洞口覓食，遇有危險時就迅速奔回洞中。牠的短跑速度雖然很快，但是耐力卻很差，因此只要跟牠賽跑一下，牠就沒力而靜止不動了，如此一來，我們就可以仔細觀察牠囉！

趕快逃。

長趾股窗蟹

覓食中。

　　頭胸甲呈球形，體色和沙灘相似具保護色，腹面多呈紅色調。步足長節內外側面各具一個卵形鼓膜。第二步足較其他步足長很多為其最大特徵。常用螯足取泥沙入口濾食，濾食後沙泥會在口器沉積成小沙丸再棄置，故有「搗米蟹」之稱。穴居於高潮線下方的沙灘下，洞口常有覓食剩下的擬糞。

學名 Scopimera longidactyla		
科別 沙蟹科	**棲息環境** 高潮線下方的沙灘。	
別名 噴沙蟹、搗米蟹		
體長 體重 ♂ /1.6cm/1.2g	**觀察季節** 全年可見	

雙扇股窗蟹

❶ 背面。 ❷ 輔助呼吸的股窗。

　　頭胸甲呈梨形表面隆起,步腳長節內外側各具有一個卵形「股窗」。體色為暗灰色,螯腳腕節、長節內面呈鉻黃色。食物以沙中的有機質為主,取食所形成的沙球,以洞口為中心向外輻射分布,非常特殊。雄蟹會揮舞螯腳,屬垂直上下式,揮舞的頻率極高。在野外,在牠的洞口周圍,可見到一些較大的泥土團,那是修築洞穴所挖出的。

學名	*Scopimera bitympana*		
科別	沙蟹科	棲息環境	高潮線下方的沙灘。
別名	製球高手		
體長 體重	♀ /0.7cm/0.7g	觀察季節	全年可見

股窗蟹怎麼製沙球？

製球高手股窗蟹，食物以沙中的有機質為主，會以洞口為中心，邊走邊用雙螯挖取沙團送入口中，口器會將沙團中的有機物過濾進食，並將剩下的沙粒調和成球狀，慢慢向口器上方吐出，再以大螯摘下，放在地面，以避免重複取食，這些沙球大約有牠頭胸甲的一半大。挖食時所形成的淺溝和排列在上面的沙球，以洞口為中心向外輻射出，非常特殊而有趣。

❶ 你看得到我嗎？　❷ 洞口外輻射狀的沙球。。

短指和尚蟹

① 正面。
② 和尚蟹大軍。

　　身體的顏色搭配醒目，圓球狀的甲殼呈藍紫色，細長的步腳與螯腳呈白色，長節前半部為鮮紅色，在陽光下晶瑩剔透，賞心悅目令人喜愛。頭胸甲呈球狀很像和尚頭，因此有「和尚蟹」之稱。經常大群棲息在沙質灘地與泥質灘地，退潮後在濕軟的灘面覓食，或挖掘地道在地下隧道中邊走邊進食，行走時不但能直走，而且還能向各方向自由移動，屬於全方位運動，非常特別！

學名	*Mictyris brevidactylus*		
科別	和尚蟹科	棲息環境	沙質灘地與泥質灘地。
別名	兵蟹、海和尚、海珍珠、蜘蛛蟹		
體長體重	♂ /1.8cm/2.1g	觀察季節	全年可見

如何分辨
和尚蟹的雌雄？

　　一般螃蟹大多可以從外觀來辨別雌雄，但和尚蟹的外觀卻讓人難以分辨牠的雌雄。必須小心將腹部打開，如果發現有兩根明顯的棒狀交尾器的是雄蟹；有羽毛狀抱卵肢的是雌蟹。

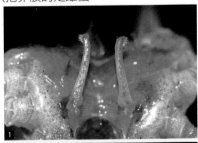

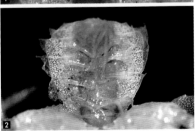

❶ 雄蟹交尾器。 ❷ 雌蟹抱卵肢。

豆形拳蟹

① 背面。
② 交尾的姿勢像青蛙一樣上下重疊。

甲殼呈圓球型，形狀像拳頭，外殼非常堅硬，因此有「千人捏不死」的外號。四對步腳相當細小，與特大的螯腳比較，顯得很不對稱。全身為灰綠色，甲殼中央有一道淺黃色帶。喜歡棲息在硬底沙質泥灘地，退潮後單獨在積水淺灘中活動，遇到危險時會用後掘的方式潛入泥沙中，再露出眼睛觀看、警戒，行走時為直行的方式。

學名	*Philyra pisum*		
科別	玉蟹科	棲息環境	硬底沙質泥灘地。
別名	千人捏不死		
體長體重	♂ /2.1cm/2.6g	觀察季節	3~10 月

直走的螃蟹

在一般人的觀念中，螃蟹是只會橫行天下，無比霸道的動物，但仔細觀察一下，就會發現大多數螃蟹在安全的狀況下，是會緩慢向前走的。只因為橫長形的身體，加上步腳關節構造的關係，橫著走是比較順暢的，因此一遇到危險，為了順利脫困，當然選擇快速橫行逃命囉！

其實，也有不少圓形身體的螃蟹，如常見的和尚蟹、豆形拳蟹，都是習慣直著向前走的喔！

直走的和尚蟹。

神妙擬相手蟹

❶ 進食蟹螯中。
❷ 背面。

頭胸甲較光滑，眼窩外齒呈銳角三角形指向前方。側緣幾乎平行，無鋸齒。螯紅棕色，可動指背面有 15 ～ 16 個或更多的卵圓形顆粒突。喜歡在高潮線附近石塊下或垃圾堆積物間，河口岸邊、紅樹林沼澤、草澤周圍有石塊的地方都可以見得到牠的蹤跡。

學名	*Parasesarma pictum*	棲息環境	高潮線附近石塊下或垃圾堆積物間。河口岸邊、紅樹林沼澤、草澤周圍有石塊的地方。
科別	方蟹科		
別名	斑點相手蟹、神祕隱者		
體長體重	♂ /1.8cm/2.6g	觀察季節	全年可見

褶痕擬相手蟹

❶ 抱卵。 ❷ 背面。

　　頭胸甲上有明顯的褶痕，摸起來有刺刺的感覺，因而得名。喜歡棲息在河口的岸邊、紅樹林和草澤地區活動。常躲在礫石或消波塊下的石縫中。牠有一雙紅通通而且銳利的螯腳，看起來很可怕。要抓牠的時候要小心哦，否則鐵定叫你皮破血流。另外，牠也是爬樹高手，最喜歡爬到水筆仔樹上乘涼。

學名	*Parasesarma plicatum*	棲息環境	河口岸邊、紅樹林和草澤地區。常躲在礫石或消波塊下的石縫中。
科別	方蟹科		
別名	茄藤樹		
體長 體重	♂/1.8cm/2.6g	觀察季節	全年可見

雙齒近相手蟹

① 正面。
② 背面。

　　頭胸甲呈方形，額寬，向下彎，額緣中部內凹，額後具四葉稜脊，葉緣有成簇短剛毛。前側緣含眼窩外齒共二齒，二齒間有很深缺刻，因此而得名。頭胸甲、步腳暗褐色，螯腳掌部紅褐色。生活在河口地帶高潮線的岸邊、紅樹林外緣或樹幹及枝條上。

學名	*Perisesarma bidens*	棲息環境	河口地帶高潮線的岸邊、紅樹林外緣或樹幹及枝條上。
科別	方蟹科		
體長體重	♂ /1.9cm/7.2g	觀察季節	全年可見

印痕仿相手蟹

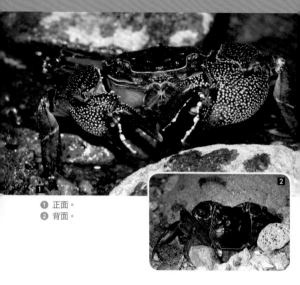

① 正面。
② 背面。

　　頭胸甲呈梯形，前側緣含眼窩外齒共三齒，最末齒僅留齒痕。螯腳掌部外側密布白色顆粒。頭胸甲前半部黑色，其餘呈深咖啡色。前側緣、後側緣鑲有金色條紋。喜歡生活在河口地帶及海岸水溝邊，以夜間活動為主。有非常強烈的攻擊性自割行為，遇到敵人時，快速用大螯夾住敵人後，立刻棄螯逃生，是典型最懂得「留得青山在，不怕沒柴燒」的螃蟹。

學名	*Sesarmops impressum*	棲息環境	河口地帶及海岸水溝邊，以夜間活動為主。
科別	方蟹科		
體長 體重	♂ /6.1cm/53.1g	觀察季節	全年可見

平背蟳

① 正面。 ② 很可愛的背甲花紋。

　　頭胸甲接近方形，前半部較寬，頭胸甲表面
非常扁平呈片狀，頭胸甲表面光滑。額緣呈緩和
的波浪狀，中央凹陷較寬。螯腳指節指端色淡，
其餘為棕色，但甲面顏色變化繁多，喜歡棲息在
海岸潮間帶的石塊下。幼蟹到成蟹，頭胸甲的花
紋，五顏六色變化多端，有時還會出現微笑或小
熊維尼的圖案，十分有意思！

學名	*Gaetice depressus*		
科別	蟹科	棲息環境	海岸潮間帶的石塊下。
別名	千面人		
體長體重	♂ /1.5cm/2.1g	觀察季節	全年可見

63

方形大額蟹

① 正面。 ② 背面。

　　頭胸甲呈方形，甲面扁平為黃土色，間雜有黑色斑紋及青色斑點。額部非常寬，額後隆脊分四葉，有多條橫向隆紋。螯足掌節與指節紫色，指節色較淡。棲息在海岸潮間帶岩礁或河口域、紅樹林沼澤的石塊區。行動十分敏捷，生性較兇猛，捉牠們的時候要特別小心。牠們紫色的身體十分亮麗耀眼，吸引力十足。

學名	*Metopograpsus thukuhar*	棲息環境	海岸潮間帶岩礁或河口域、紅樹林沼澤的石塊區。
科別	方蟹科		
別名	紫色遊俠		
體長體重	♂/1.9cm/4.3g	觀察季節	全年可見

肉球近方蟹

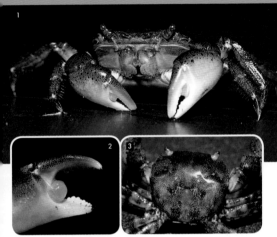

❶ 正面。 ❷ 肉球特寫。 ❸ 背面。

　　頭胸甲呈方形，甲面光滑，前半部稍為隆起，後半部較平坦，胃、心域間有「H」形溝相隔，黃棕色散生有紅色斑點。螯腳兩指基部之間有一個肉球，但在雌蟹及幼蟹則不明顯，步腳上有明顯剛毛及咖啡色斑點。棲息在海岸潮間帶上部的岩石下或石縫中。河口或潮間帶的石塊區也可發現。雄蟹大螯可動指與不可動指間的肉球，在陽光下晶瑩剔透十分好看，那可是牠求偶的法寶哦！

學名	*Hemigrapsus sanguineus*	棲息環境	海岸潮間帶上部的岩石下或石縫中、河口或潮間帶的石塊區。
科別	方蟹科		
體長體重	♂ /2.2cm/6.6g	觀察季節	全年可見

絨毛近方蟹

❶ 正面。 ❷ 絨毛特寫。 ❸ 背面。

　　頭胸甲方形，甲面具細凹點，額域稍為隆起，胃、心域間有「H」形溝。額寬，前緣平直，中央稍凹。螯腳掌節粗大，雄蟹兩指基部具一叢絨毛，內面比較濃密，雌性及幼蟹絨毛均不明顯。頭胸甲為棕色，螯腳、步腳為紅棕色。棲息在海岸潮間帶上部石塊下，河口或潮間帶的石塊區亦可發現。雄蟹大螯可動指與不可動指間的毛團，是牠們的最大特徵。

學名	*Hemigrapsus penicillatus*	棲息環境	海岸潮間帶上部石塊下，河口或潮間帶的石塊區。
科別	方蟹科		
體長體重	♂/1.6cm/2.7g	觀察季節	全年可見

肉球皺蟹

❶ 正面。 ❷ 背面。

　　頭胸甲略呈五邊形，表面各區突起區分清楚。步腳的前後緣長有長毛。螯腳尖端呈湯匙狀，可用來刮食岩石上的藻類。而指節為黑色，含有輕微毒性，不可食用。喜歡棲息在河口或珊瑚礁區礫石的下方。由於背甲灰黑色系帶有小斑點，和牠家附近的顏色很接近，因此你要睜大眼睛才找得到牠哦！

學名 Leptodius sanguineus	棲息環境 河口或珊瑚礁區礫石的下方。
科別 扇蟹科	
體長 體重 ♂ / 4.6cm/18.7g	觀察季節 全年可見

皺紋團扇蟹

❶ 正面。 ❷ 黑手指。 ❸ 背面。

　　頭胸甲呈橢圓形扇狀，前半部分區清楚，頭胸甲表面具有細小的顆粒和凹點。螯腳腕節、掌節腫脹，表面有皺紋。步腳末三節有短剛毛。全身暗黑色，螯腳指尖黑色，含有輕微毒性，不可食用。通常生活在岩礁及礫石海岸的潮間帶，偶而會躲在在沙岸石塊區下，或潛藏在沙中。螯腳尖端呈湯匙狀，可用來刮食岩石上的藻類。動作遲鈍，受驚嚇時會卷縮裝死，或抬高身體，高舉雙螯作威嚇狀，而且可保持這一個姿勢很久。

學名	*Ozius rugulosus*	棲息環境	岩礁及礫石海岸的潮間帶，偶而會躲在在沙岸石塊區下，或潛藏在沙中。
科別	哲蟹科		
體長體重	♀ / 4.6cm/15.9g	觀察季節	全年可見

台灣厚蟹

❶ 正面。 ❷ 背面。

　　因為有厚實的甲殼，連同大螯也長得頗為寬厚而得名。身體的甲殼、步腳、螯腳皆為灰綠色澤，頭胸甲前緣的兩側具明顯的三裂齒，所以又稱三齒葦原蟹。喜歡挖洞在紅樹林附近的泥灘、草澤中居住。常捕食同在泥灘棲息的萬歲大眼蟹，會將蟹體撕開再吃牠的肉。漲潮時會爬到紅樹林枝葉、石頭、堤岸上棲息。

學名	*Helice formosensis*	**棲息環境**	紅樹林附近的泥灘、草澤。
科別	方蟹科		
別名	青蟹、三齒葦原蟹		
體長 體重	♂ /3.6cm/17.6g	**觀察季節**	全年可見

秀麗長方蟹

❶ 正面。 ❷ 背面。

　　頭胸甲呈橫長方形，雄蟹螯腳長又壯。平常喜歡生活在河口潮間帶泥灘及紅樹林沼澤之泥灘地。與萬歲大眼蟹毗鄰而居，數量分布較少。退潮後在洞口附近覓食，濾食泥中有機質為生。雄蟹有揮螯的展示行為，雙螯上舉再放下，激烈時身體會做出撐起後仰的動作。

學名	*Metaplax elegans*	棲息環境	河口潮間帶泥灘及紅樹林沼澤泥灘地。
科別	方蟹科		
體長體重	♂ /1.2cm/1.4g	觀察季節	全年可見

短身大眼蟹

❶ 雄蟹正面。 ❷ 雄蟹背面。 ❸ 雌蟹正面。

頭胸甲呈扁長方形，甲寬超過甲長的兩倍，因此得名。雄性螯腳較雌性粗大許多，並有三排橘色尖銳突起及許多乳白色圓形突起，不動指曲折下彎十分明顯。體色為深土棕色並有褐色雜斑。棲息在潮間帶偏沙質的中潮帶泥灘地。領域性強，善於潛沙挖洞，並在洞口附近拾取有機碎屑為食物。常在水窪中露出雙眼瞭望，彷彿哨兵一樣。也常利用藻類纏繞身體，達到偽裝的目的。

學名	*Macrophthalmus abbreviatus*	棲息環境	潮間帶偏沙質的中潮帶泥灘地。
科別	沙蟹科		
別名	哨兵蟹		
體長 體重	♂ /5.6cm/3.8g	觀察季節	全年可見

萬歲大眼蟹

① 雄蟹揮螯。 ② 雌蟹正面。

　　身體的形狀很扁平。甲殼和步腳呈灰褐色。兩螯腳同大，為黃白色澤，螯腳的掌節部分寬而長，兩指節小巧而尖。嘴部的上緣白色，眼柄青色，相當醒目。棲息於既濕又軟的泥質灘地，密密麻麻的集中於灘面，畫面頗為壯觀，揮螯的動作是向兩側畫開再收攏，很像是國慶日參加遊行時，雙手高舉大聲喊「中華民國萬歲」的模樣，因此得名。

學名	*Macrophthalmus banzai*		
科別	沙蟹科	棲息環境	既濕又軟的泥質灘地。
別名	海婆仔、哨兵蟹		
體長 體重	♂ /2.1cm/3.5g	觀察季節	全年可見

❶ 正面。
❷ 背面。

　　頭胸甲接近圓形，甲面密生絨毛，有明顯的酒精燈形紋路。額中有一深溝槽向後延伸，將額分兩葉。有的個體全身呈鮮豔的紫色，關節處為紅色，極易辨識；但有些個體顏色偏黃，與台灣厚蟹非常接近。平常穴居在河口附近的草澤周緣、田埂間、紅樹林沼澤及土堤邊。

學名	*Chasmagnathus convexus*	棲息環境	河口附近的草澤周緣、田埂間、紅樹林沼澤及土堤邊。
科別	方蟹科		
體長 體重	♂ /8.1cm/85.6g	觀察季節	全年可見

73

螃蟹剔牙

你看過螃蟹剔牙嗎？隆背張口蟹有一種特異功能，就是吃完落葉大餐後，不小心塞到牙縫時，會拿木麻黃的假莖（枝條）來剔牙。如果有機會碰上了，保證你大開眼界，拍案叫絕！

❶ 吃落葉。　❷ 剔牙。

無齒螳臂蟹

① 正面。 ② 背面。

　　頭胸甲褐色呈方形，分區明顯，中央部分拱起，鰓域有 4 ～ 5 條斜行隆線。額寬，後區有三條縱行溝槽，使此部分甲面分割成四葉，非常顯著。頭胸甲中心有酒精燈形紋路。螯腳長節邊緣生有一列小刺。步腳密生剛毛，長節末端有一棘。平常穴居河口域草澤和岸邊土堤或水田的田埂間，沒事喜歡咬食水稻的莖稈，是農夫眼中的壞螃蟹。因此，農夫們對牠們深惡痛絕，只要不小心被逮到，可就要一命嗚呼了。

學名	*Chiromantes dehaani*	棲息環境	河口域草澤和岸邊土堤或水田的田埂間。
科別	方蟹科		
別名	水稻殺手		
體長 體重	♂ /2.7cm/12g	觀察季節	全年可見

日本蟳

① 正面。
② 背面。

　　平常喜歡棲息在潮間帶至水深 10 ～ 15 公尺
有水草或岩石的沙泥海底。在低潮線附近沙岸岩
石區，會潛伏在沙中，尤其石塊邊緣的沙底。生
性比較兇猛，大螯尖銳有力，只要不小心被夾住
了，是會皮破血流哦！

學名	*Charybdis japonica*	棲息環境	目前只有新竹香山、彰化伸港及台南曾文溪口有較大的族群。
科別	梭子蟹科		
別名	石蟳仔		
體長體重	♂ 12.7cm/32.5g	觀察季節	1 ～ 10 月

欖綠青蟳

❶ 正面。 ❷ 背面。

　　頭胸甲殼前緣呈鋸齒狀，所以得到這個封號。四對步腳的最後一對特化為扁平狀，很適合游泳和潛沙，特大的螯腳掌節寬厚，兩指節間鋸齒密布，最前端尖細，形狀像尖嘴鉗。喜歡在紅樹林沼澤間及河口地帶挖掘洞穴，洞穴很深。牠愛吃肉，更喜歡捕食各種腹足貝類和魚蝦。活動時遇到危險，會採取後掘方式潛藏到沙中。

學名	*Scylla serrata*
科別	梭子蟹科
別名	蟳仔、紅蟳
體長體重	♂ /9.3cm/45.1g

| 棲息環境 | 紅樹林沼澤間及河口地帶。 |
| 觀察季節 | 全年可見 |

77

誰是紅蟳？

一提到「紅蟳」，就會讓許多人聯想到又大又紅令人食指大動，口水直流的鋸緣青蟳。但真正的紅蟳，是指已經抱卵具有生育能力的雌性鋸緣青蟳，沒有生育能力的雌蟹跟雄蟹，則叫做「菜蟳」哦！

「紅蟳」跟「菜蟳」的價格相差3～10倍之多，吃紅蟳會大量增加身體內的膽固醇，以及增加心血管疾病的機率，而且每吃一隻紅蟳，就會吃下數萬顆可以孵化變成小鋸緣青蟳的卵，讓生態資源快速減少。因此為了身體健康、為了錢包，更為了生態永續，還是少吃紅蟳比較好。

膏黃飽滿的紅蟳。

字紋弓蟹

❶ 正面。
❷ 背面。

　　頭胸甲接近圓方形而扁平，步腳呈扁平槳狀，很會游泳，游泳時直向前進，而且姿勢很優美哦！頭胸甲及步腳都是黑褐色。經常配合雨季的洪水，到海裡進行繁殖，大眼幼蟲再成群溯溪而上，孵化成幼蟹。有時候還會像表演疊羅漢一樣疊在一起哦！

學名	*Varuna litterata*	棲息環境	河口或河川下游，以岩礁岸半淡鹹水池較常見。
科別	弓蟹科
體長體重	♂ /4.2cm/43.5g	觀察季節	10～1月

日本岩瓷蟹

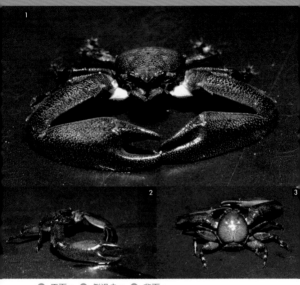

❶ 正面。 ❷ 倒退走。 ❸ 背面。

　　背甲黑褐色表面平滑無毛。鉗腳寬且厚，腕節基部前緣有一齒。步腳上有淡色斑紋。屬異尾類，外型像螃蟹，構造卻和蝦子非常相似。外殼扁平無毛，喜歡棲息在鬆動的礫石灘地，經常在礫石灘的石縫中匍匐而行。由於兩隻大螯比背甲還要厚重，舉起不易，因此，行走時常用倒退爬行方式。

學名	*Petrolitbes japonicus*
科別	岩瓷蟹科
別名	倒退嚕
體長體重	♂ /0.8cm/1.1g

| 棲息環境 | 鬆動的礫石灘地。 |
| 觀察季節 | 全年可見 |

80

魚類篇

大彈塗

成雙成對。

　　身體呈棍棒狀，眼睛突出於頭頂，嘴巴很大，口裂可以直達眼睛後緣的下方，有兩枚完全分開的背鰭，有均勻的白色斑點散布於背鰭上，腹鰭癒合成吸盤。喜歡棲息在河口區的泥沼中築洞，刮食矽藻為食，平常可離開水面十多分鐘，以濕潤的皮膚和鰓中所含的水分呼吸。人類餐宴上常以花跳為佳餚，已被養殖做為經濟性魚類。

學名	*Boleophthalmus pectinirostris*
科別	蝦虎科
別名	花跳、星點彈塗
體長	12～18cm

| 棲息環境 | 河口區的泥沼中。 |
| 觀察季節 | 全年可見 |

看大彈塗跳求偶舞

　　每年 4 月中旬到 5 月中旬，是看大彈塗跳求偶舞的最佳季節。這時你會看到許多雄性大彈塗，使出吃奶的力氣，此起彼落的在泥灘地上不停跳躍，並張開背上帶有藍色圓點的寬大背鰭，曼妙的舞姿像極了舞台上最閃亮的明星。牠們跳求偶舞的目的，無非是要展示自己的健美身材，吸引雌性大彈塗，好共結連理，生下健康可愛的下一代。選擇一個溫暖的下午來看牠們跳求偶舞吧，保證你大呼過癮！

大彈塗跳求偶舞。

彈塗魚

① 側面。 ② 正面。

彈塗魚眼睛突出於頭部背側，有能自由活動之眼瞼，可藉胸鰭於地上爬行，腹鰭癒合呈吸盤狀，體背細小圓鱗，體色青灰，腹部略白，體側約有 12 條不規則而且不明顯的深色橫帶，並布滿細小斑點，各鰭透明，亦有細小暗色斑點。群居於河口，喜歡離開水域到泥地上覓食，可離水40 分鐘以上，以小昆蟲、小動物為食，善掘穴，漲潮時常退到潮線外。

學名	*Periophthalmus cantonensis*		
科別	鰕虎科	棲息環境	河口區的泥沼中。
別名	石跳仔、跳跳魚、泥猴		
體長	7～8cm	觀察季節	全年可見

青彈塗

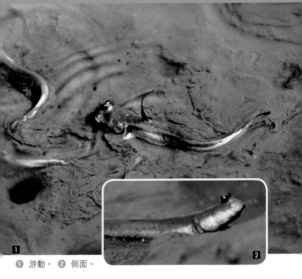

❶ 游動。 ❷ 側面。

　　背部呈深藍色，腹部為淡藍色，頭部及背鰭上散布著黑色小點，腹面有一縱列的黑色，短橫斑。胸鰭呈尖圓形，基部寬大有肌肉柄；腹鰭尖長，左右腹鰭癒合成一個心臟形吸盤，吸盤後緣完整；尾鰭尖長。青彈塗的族群數量比大彈塗小，大多分布在低潮線，其離水之後的運動方式與大彈塗類似，但在淺水灘中其游動速度比大彈塗和彈塗快。遇到干擾或漲潮時，會馬上潛入水面下或洞穴中。

學名 *Scartelaos viridis*	**棲息環境** 河口區的泥沼中。
科別 鰕虎科	
體長 7～8cm	**觀察季節** 全年可見

花身雞魚

　　花身雞魚無鬚，前鰓蓋有鋸齒緣，鰓蓋有2硬棘，背鰭硬棘極強硬，和軟條相接處微凹；體背細小櫛鱗，頭頰部被細小圓鱗，體側有 3 ～ 4 條深褐色縱帶。肉食性，非常貪吃。

學名	*Terapon jarbua*		
科別	條紋雞魚科	**棲息環境**	河口區的泥沼中。
別名	花身仔		
體長	河川中體長最大可至10cm，沿海河口可長至20cm。	**觀察季節**	全年可見

① 汙鰭鮻。
② 豐收的喜悅。

周緣級淡水魚，牠和汙鰭鮻長得很像，大小也差不多，但是身體上的鱗片比較粗大，而上、下頜沒有牙齒，沒有側線，身體背部暗灰色，腹部銀白色，體側上半部的鱗片中央線紋發達，濾食沙中的藻類和有機物，喜歡群聚於河口一帶活動。

學名	Liza macrolepis		
科別	鮻科	棲息環境	河口水域。
別名	豆仔魚、杉仔		
體長	約 15～20cm	觀察季節	全年可見

87

斑海鯰

　　體長，身體長，頭部稍平扁，腹部圓潤，後半側扁。上頜鬚一對，長達胸鰭基部。背鰭第一根為倒鉤齒狀硬棘，具有毒腺，尾鰭深分叉，體被暗灰色，腹面銀灰色，無鱗，黏液膜易落，容易辨認。通常生活於海洋，喜歡於秋、冬之際隨潮水溯入河口，以無脊椎動物為食。

學名 *Arius maculatus*
科別 海鯰科
別名 海鯰仔
體長 可長至50cm 以上
棲息環境 河口水域。
觀察季節 全年可見

星點多紀魨

❶ 星點多紀魨。 ❷ 像氣球的星點多紀魨。

　　星點多紀魨背部灰青色，有顯著的淡黃色斑點散布，具有潛藏在沙中的特徵及習性，離開水面時，腹部會充氣而顯得圓滾滾的。肝臟和卵巢有劇毒，不可誤食。生活於沙質底的河口區，5～8月會大群湧到小砂粒底質的岸邊產卵。

學名	*Fugu rubripes*	棲息環境	沙質底的河口區，5～8月會大群湧到小砂粒底質的岸邊產卵。
科別	四齒魨科		
別名	河豚		
體長	最大可長至 10～15cm	觀察季節	全年可見

黑鯛

　　喜歡棲息在河口泥底質水域，背鰭堅硬，由瘦棘與肥棘交互並列，身體側扁，背緣彎曲，腹緣比較平直，側線起點處有一不規則黑斑，體側有 14 ～ 16 條黑色縱帶。肉食性，為周緣級性淡水魚。幼魚全為雄性，約到 3 ～ 4 年才轉變為雌性，您說是不是很有趣呢？

學名	*Acanthopagrus schlegeli*		
科別	鯛科	棲息環境	河口泥底質水域。
別名	烏格、黑毛仔		
體長	約 15 ～ 30cm	觀察季節	全年可見

吉利慈鯛

① 吉利慈鯛。 ② 河邊的碟形巢。

　　吉利慈鯛是外來種，魚鰭上有黃斑，體色棕綠帶虹彩，腹部前端紅色，臀鰭以後黑色，體側有 8～9 條橫紋，背鰭第 1 至第 4 軟條有圓形黑斑，稱為 Tilapia 記號。雜食，會在池底挖碟形巢產卵，有護幼習性，族群頗大。棲息於水流較緩處，耐汙濁。為雜食性魚類。

學名	*Tilapia zillii*	棲息環境	河口泥底質水域。
科別	慈鯛科		
別名	吳郭魚		
體長	約 10～15cm	觀察季節	全年可見

鯽

　　鯽魚身體背部銀灰色，腹部銀白而略呈淺黃。喜歡棲息在水草較多之溪流、野塘或湖泊底層，適應力強，對水溫及鹽度之容忍度極高，雜食性，繁殖力強，最大可長到 1 公斤重。原本是常見的優勢種魚類，但是近年來卻在大量消失中。

學名	*Carassius auratus*		
科別	鯉科	棲息環境	水草較多之溪流、野塘或湖泊底層。
別名	鯽仔魚、鮒		
體長	約 10cm	觀察季節	全年可見

軟體
動物篇

文蛤

① 文蛤。 ② 耙文蛤。

　　有厚實的外殼，表面光滑，有肥美的肉質，大量養殖可供食用。潛藏在泥沙中，退潮時以短短的口管濾食浮游生物。文蛤有厚實而重的殼，加上光滑流線形的表面，可降低水阻，因此棲身沙質地不易被浪潮掏洗而暴露行蹤，潮水退去後會潛入沙中 5 ～ 10 公分深處休息，漁民用長方形的短鐵片做成的耙鏟入沙中拖行，感覺有碰碰的碰撞聲，扒開就可發現文蛤。近幾年來各河口濕地沙源減少，汙染加劇，加上容易扒取，目前野生文蛤數量逐年遞減中。

學名 Meretrix lusoria	
科別 簾蛤科	**棲息環境** 潛藏在河口泥沙中。
別名 普通文蛤、麗文蛤	
體長 可長至 8cm	**觀察季節** 全年可見

❶ 花蛤。 ❷ 花蛤。

　　上下殼比較扁，沒有文蛤那麼突起，有白色放射狀紋路，潛藏沙質地 5 公分左右深度，肉質口感比文蛤還好吃，是有經濟價值的貝類。因為牠只適存潔淨的沙質地，近幾年來各河口濕地沙源減少，汙染加劇，加上容易扒取，數量急速銳減中。

學名	*Gomphina aequilatera*	棲息環境	潔淨的河口沙質地。
科別	簾蛤科		
體長	約 3～4cm	觀察季節	全年可見

環文蛤

　　十分常見，肉可供食用。因殼有一圈紅紫色的邊緣而得名，喜棲習在稍硬的泥質地，外殼有粗糙的紋路，有利於卡住泥土防止浪潮沖擊時被帶出洞口外。風和日麗的退潮時，牠會把口器伸出洞口濾食，漁民就是以辨識這種現象來挖掘牠。

學名	*Cyclina sinensis*		
科別	簾蛤科	棲息環境	稍硬的泥質地。
別名	赤嘴仔		
體長	殼長約 4cm	觀察季節	全年可見

綠殼菜蛤

　　雙殼緣綠色，殼內面光滑。會分泌足絲，附著在岩石或木頭上，以免被海浪沖離，所以常常可在蚵串、防波堤、消波樁的低潮線處發現牠們的蹤跡。是食用貝，大陸稱為「翡翠貽貝」。

學名 *Perna viridis*	
科別 殼菜蛤科	**棲息環境** 蚵串、防波堤、消波樁的低潮線處。
別名 翡翠貽貝	
體長 殼長約 11cm	**觀察季節** 全年可見

公代薄殼蛤

　　台灣常見食用貝之一。喜歡生長在腐質層的軟泥灘，而且密集叢生，以濾食浮游性生物維生，因此退潮水位距洞口 20 ～ 30 公分高時就可見到兩個圓孔張開濾食。公代的殼很薄易碎，因此只能淺藏泥中 5 公分左右的深度，雙殼頂部呈開口狀無法緊密閉合，退潮時就必須吸飽海水，度過 6 ～ 8 小時的乾旱期。走過灘地，你將會發現四周此起彼落的水柱噴發，那就是公代的傑作。

學名	*Laternula marilina*
科別	薄殼蛤科
別名	公代
體長	殼長約 4.5cm

棲息環境	腐質層的軟泥灘。
觀察季節	全年可見

西施舌

① 西施舌。 ② 挖西施舌。

　　潮間帶上體積最大的雙殼貝，棲地是底層泥質，上為沙質的地方，擁有發達的斧足善於掘洞，牠的洞有時可深達 50 公分，發達的斧足占其體積一半以上，潮水退去時，於中低潮間帶，可以發現間隔約 8 至 10 公分的兩個小水孔，便是他們的棲身所在。是海鮮店最受歡迎的貝類之一，有很高的食用價值，更是漁民最喜歡採集的對象。

學名	*Sanguinolaria diphos*	棲息環境	底層泥質，上為沙質的地方。
科別	紫雲蛤科		
別名	西施舌、西刀舌	觀察季節	全年可見
體長	殼長約 8cm		

海瓜子

　　因有豐滿味美的肉質，尤其適於炒食，為臺灣重要的食用貝。此外，外殼厚實、外表紋路粗糙，因此漁民稱他們為「厚殼」。在廢棄蚵殼、石礫、泥沙混雜的地方，都是海瓜仔最佳的棲所。

學名	Ruditapes philippinarum		
科別	簾蛤科	棲息環境	廢棄蚵殼、石礫、泥沙混雜的地方。
別名	厚殼		
體長	殼長約 4cm	觀察季節	全年可見

　　長得像一節竹子一樣，喜棲身泥砂地中，長長的外形有利於鑽洞及上下移動，所以也是鑽洞高手，牠鑽洞的深度僅次於西施舌，深度在 20 公分左右，洞口呈小小的橢圓形。

學名	*Solen strictus*	棲息環境	泥砂地中。
科別	竹蟶科		
體長	殼長約 8cm	觀察季節	全年可見

抓竹蟶的漁民

在濕軟的沙灘上，你會發現有專門抓竹蟶的漁民。他們使用的方法非常簡單，抓一小撮鹽巴灑在竹蟶的洞口，當鹽巴溶解後滲入洞內，就會讓殼薄而且兩端殼套無法閉合的竹蟶，無法忍受鹽度的變化而快速爬出洞穴，只要抓住牠一端就可從泥洞拔出來，非常有趣！

採收竹蟶。

　　像小田螺一樣的模樣，退潮時在泥灘上，常可看到牠們努力擺動觸角及長長的鼻管探索腐屍殘肉，努力向前爬行的樣子。牠吃飽了或潮水退乾時，會鑽入泥砂中收起腹足用薄薄的一片口蓋，將自己封住，躲在泥灘中等待下次的潮水。

學名 *Nassarius livescens*	棲息環境	泥砂地中。
科別 織紋螺科		
體長 殼長約 2.5cm	觀察季節	全年可見

粗紋玉黍螺

❶ 爬上樹幹。 ❷ 爬上紅樹林。 ❸ 群聚。

　　是螺殼較薄的一種螺，其形態像陸地上的蝸牛只是牠可水陸雙棲，因殼薄容易成為水中魚蟹類掠食的對象，為了躲避掠食者，所以喜歡爬上紅樹林枝葉，也啃食葉片，或以藻類為食。退潮時會停在枝葉上，或躲在淺灘的石頭下休息等待下次的潮水，因此在退潮時翻開岸邊淺灘石頭，可發現大大小小的玉黍螺聚集在一起。

學名	*Littorina scabra*	棲息環境	紅樹林及淺灘石頭下。
科別	玉黍螺科		
體長	殼長約 2cm	觀察季節	全年可見

蚵岩螺

　　牠喜歡吃牡蠣，而且會用齒舌在牡蠣的殼上鑽洞，吐出消化酶把肥美的牡蠣吃掉，因此是蚵農最痛恨的貝類。蚵岩螺在蚵架上沒有天敵，退潮時就地休息不用回到水裡，目前沒有防治方法，只有退潮時一顆一顆抓。蚵農或在地的居民，會將大顆的蚵岩螺撿拾回家，用開水燙過後，用牙籤挑出螺肉涼拌，口感 Q 脆爽口，而空殼會被丟回海灘，剛好成了寄居蟹的家。

學名	*Thais clavigera*	棲息環境	養殖牡蠣的環境。
科別	骨螺科		
體長	殼長約 4cm	觀察季節	全年可見

大牡蠣

❶ 大牡蠣。 ❷ 牡蠣肉。

　　外殼為深灰色，呈不規則形，由葉片狀之薄片積疊而成，為雙殼貝，下殼附著岩石或消波塊上，其附著力非常大，採集時需用鐵器橇取。殼頂有一小縫可流通海水，靠吸排海水過程完成呼吸與濾食浮游生物。牡蠣半年就可成熟，春、秋兩季為繁殖期，因此蚵農只收秋苗，每年 11 月把處裡過的舊蚵殼綁成串，置入蚵架三個星期左右就可見到小黑點的幼體附著。

學名	Ostrea gigas		
科別	牡蠣科	棲息環境	沙灘之岩壁、石頭上。
體長	殼長約 2～5cm	觀察季節	全年可見

❶ 紋藤壺。 ❷ 特寫。

　　殼圓錐形，表面具有亮紫色輻射紋路。喜歡棲息在礁岩海岸及海堤區的低潮線附近。本種為汙損生物的一種，經常出現在亞潮帶的人工海岸構造及船底表面，令船主相當頭疼。

學名	*Amphibalanus Amphitrite*	**棲息環境**	礁岩海岸及海堤區的低潮線附近。
科別	藤壺科		
別名	鲫仔魚、鲋		
體長	殼長約 0.3 ～ 1cm	**觀察季節**	全年可見

　　體柱光滑，具有美麗的橘黃色、藍綠色或白色縱線，常棲息在沙石混合的潮間帶岩石或牡蠣架上；退潮時，通常都像一顆顆小果凍般，縮起躲藏在礁石的陰暗凹洞中或牡蠣架上積水的竹洞或牡蠣殼中。漲潮後則可拉長體柱，伸出觸手來捕食。捕食時可射出槍絲，以上頭的刺絲胞麻痺獵物，然後吞食。本種的經濟價值很高，可用來提取神經毒和抗凝血物質，具有治療的功效。另外，在馬祖當地人也會採來食用，製成特產小吃「炸海葵」。

學名	*Haliplanella luciae*	
科別	海葵科	
棲息環境	通常棲息在沙石混合的潮間帶岩石或牡蠣架上。	
體長	體長約 1～1.5cm	
觀察季節	全年可見	

沙蠶

　　身體呈長蠕蟲狀，具有許多環節，橫斷面呈圓形或略扁。沙蠶的體壁肌肉層分內外兩層。外層為環肌，內層為縱肌。蟲體兩側縱肌的對換交替收縮是沙蠶匍匐爬行和游泳的主要動力。在沙泥灘地掘穴、造管、攝食、排遺，促進上下水層的流動，增加底泥的氧氣。攝食和排遺的過程，使有機碎屑被分解，自身也得以成長，成為高一階消費者的食物，更是河口濕地生態系物質循環和能量流通的一環。

學名 Nereis succinea	
科別 沙蠶科	棲息環境 沙泥灘地。
別名 沙蟲	
體長 約 3～10cm	觀察季節 全年可見

裸體方格星蟲

　　體形長而圓，體色乳白略帶紅色，表面光滑，體壁上有 30 條縱肌與環肌縱橫交錯，排列成格子花紋。身體前端有管狀可伸縮的吻，吻長約為體長的十分之一，前段光滑，頂端有觸手，伸長時呈星狀，收縮時如皺摺，中央為口。低溫時會潛入較深沙泥底中，大約每年五月氣溫回升即可在地表觀察到其孔洞。由於牠是優良的釣餌，所以常會看到民眾在海灘挖掘提供釣客使用。

學名 *Sipunculus nudus*		
科別 星蟲科	**棲息環境** 沙泥灘地。
別名 鰓仔魚、魠	
體長 約 10～20cm	**觀察季節** 全年可見

昆蟲篇

杜松蜻蜓

　　幼蟲多棲息於低海拔水生植物茂盛的池塘及濕地，在溝渠中也十分常見，對環境的適應力強．因此在市區或公園的水池也常見。幼蟲常潛藏於軟泥底部。成蟲約於每年的 4 月至 10 月出現。廣泛分布於全台平地至低山地帶。

學名	*Orthetrum Sabina*	棲息環境	池塘、濕地、溝渠、公園水池等。
科別	蜻蜓科		
體長	約 4～6cm	觀察季節	4～10 月

薄翅蜻蜓

　　是台灣最普遍且數量最多的種類，在夏天與秋天都可看見成群在天空飛翔。雄蟲複眼上褐下灰黑，額頭至上唇黃色或橙紅色，胸部黃褐色，腹部黃褐色，腹背橙紅或鮮豔的紅色，腹背中央有一列不明顯的黑斑，攫握器黑色尖細，翅膀透明，翅痣紅褐色。從鄉村到都市，從森林到草原，從高山到海邊無所不在，分布非常廣，數量也很驚人，而且活動時間全年無休，是極為常見的蜻蜓。

學名	*Pantala flavescens*	棲息環境	從森林到草原，從高山到海邊無所不在。
科別	蜻蜓科		
體長	約 4～5.5cm	觀察季節	全年可見

紫紅蜻蜓

① 紫紅蜻蜓♀。
② 紫紅蜻蜓♂。

　　雄蟲腹眼紅色，合胸紅紫色，側視會發現 4 條黑色的短斜斑，腹部紅紫色，末端 9～10 節側邊具黑斑，翅膀透明，翅脈紫紅色，雌蟲複眼上褐下灰，合胸黃褐色側視有 4 條波狀的斜線斑紋，腹部黃褐色，腹背具黑色中線。分布於低、中海拔山區之池塘、小溪、溝渠等水域，成蟲於 4～11 月出現，雌蟲以連續點水的方式產卵，為常見的種類。

學名	Trithemis aurora	棲息環境	低、中海拔山區之池塘、小溪、溝渠等水域。
科別	蜻蜓科		
體長	約 3.5～4cm	觀察季節	4～11 月

猩紅蜻蜓

　　雄蟲複眼紅色，胸部及腹部為鮮豔的的紅色。腹部背面具一條不明顯的縱向黑線，後翅翅基有褐色斑塊，翅痣黃褐色。雌蟲複眼上褐下灰藍色，胸部及腹部黃褐色，腹背的黑線特別明顯，後翅基具褐斑，翅痣黃褐色。生活於平地至低、中海拔山區，常見於池塘、沼澤、水田等水域活動，成蟲於 4～12 月出現，雌蟲以點水方式產卵，為常見的種類，數量很多。

學名	*Crocothemis servilia*	棲息環境	平地至低、中海拔山區，常見於池塘、沼澤、水田等水域。
科別	蜻蜓科		
體長	約 3.8～4.4cm	觀察季節	4～12 月

彩裳蜻蜓

　　翅膀呈現黃色，有著許多不規則排列的斑紋，而腹部呈現黑色，眼睛為紅褐色。有一對像蝴蝶般俏麗的翅膀，非常容易辨識，因此有人稱牠為「蝴蝶蜻蜓」、「花蜻蜓」等富有特色的稱號。成蟲出現於 5 ～ 8 月，主要分布在海拔 500公尺以下地區，而且喜歡在池塘、沼澤等水質較為乾淨、清澈的靜態水域活動。

學名	*Rhyothemis variegata aria*	棲息環境	500 公尺以下，池塘、沼澤等水質較為乾淨、清澈的靜態水域。
科別	蜻蜓科		
別名	蝴蝶蜻蜓、花蜻蜓		
體長	約 4.1 ～ 6cm	觀察季節	5 ～ 8 月

植物篇

水筆仔

① 水筆仔。　② 花朵。

　　水筆仔因其下胚軸胎生發芽，胎生苗末端尖如筆，故稱它為水筆仔。多為常綠小喬木或灌木，樹皮灰或幾近紅棕色。葉對生，具有厚蠟質可以防止水分蒸發。白色的絲狀花瓣吸引蜜蜂前來採蜜。僅生長於河流出海口，淡鹹水交界之泥沼地。目前淡水河口的紅樹林是全亞洲地區最大的水筆仔純林，因其胎生現象，在植物界中極為罕見，因而被視為國寶。

學名	Kandelia candel		
科別	紅樹科	棲息環境	河流出海口，淡鹹水交界之泥沼地。
別名	茄藤樹		
高度	約2m	觀察季節	全年可見

1 海茄苳及呼吸根。 2 花開並蒂。 3 果實。

　　特殊的直立呼吸根是最大的特徵。生長於台灣西南海岸塭岸、潮溝、河口等鹽澤地之常綠灌木或喬木。葉互生，葉背有鹽線，可排出身體內多餘的鹽分，避免脫水，在陽光下常可發現閃閃發光的鹽晶顆粒。穗狀花序，花白色，果為核果，內果皮堅硬，外果皮海綿狀，含種子 1 顆。為優良的蜜源植物。

學名 Avicennia marina			
科別 馬鞭草科		**棲息環境**	台灣西南海岸塭岸、潮溝、河口等鹽澤地。
別名 茄萣樹			
高度 約 5～6m		**觀察季節** 全年可見	

欖李

❶ 欖李。　❷ 花朵。

　　屬於常綠小喬木。樹皮呈褐色且粗糙；葉互生，倒卵形，厚質的葉片儲存水分，葉先端有凹入；根發展成「屈膝根」，有支持穩定的作用。花白色，為筒狀花，開花期在每年 5 至 7 月，滿樹的小白花朵相當醒目，為台灣紅樹林中最具觀賞價值者。果實是核果，外果皮具有纖維質，有助於水力傳播，是紅樹林植物中最能適應陸地一般環境的樹種。木材堅硬而保存期長，可做為建築用材或器具，也是優良的蜜源植物。

學名	*Lumnitzera racemosa*	棲息環境	台灣西南海岸塭岸、潮溝、河口等鹽澤地。
科別	使君子科		
高度	可達 10m	觀察季節	全年可見

紅海欖

① 紅海欖。　② 開花。　③ 難得一見的三胞胎胎生苗。

　　常綠小喬木。常誤稱為五梨跤，會從枝幹上向下長出許多氣生根，伸入土中形成支持根。生長於塭邊，河口海灣潟湖軟泥地，為典型的紅樹林植物，它的果實是圓錐形的，很像水筆仔，胎生苗粗壯，表面有獨特的疣狀突起，可達 30 公分長，成熟時會變成褐色，進而脫離母株插入泥土中，或者隨海水漂流到適合的生長地點。紅海欖現在僅存一千餘棵，是數量最少的一種，主要分布在台南地區，是相當具有教育及觀賞價值的紅樹林植物。

學名	*Rhizophora mucronata*	棲息環境	塭邊，河口海灣潟湖軟泥地。
科別	紅樹科		
高度	可達 3～10m	觀察季節	全年可見

濱水菜

❶ 很棒的護堤植物。　❷ 花朵。

　　就如同它的名字，生長的環境都在海邊，如海岸沙地、海埔地、河口水邊、魚塭等地。它是耐鹽、耐旱的鹽生植物，生命力超強，可不斷蔓延，形成地毯狀的植被，是定砂及護岸的良好植物。除了可供藥用之外，因它的葉子肥厚，可當豬的飼料。而對魚塭養殖業者而言，更是好處多多，極有貢獻。它可以保護魚塭堤岸，而垂入水中的海馬齒，可為魚塭中的魚提供遮陽的處所，而腐爛葉片亦可供魚類食用。

學名	Sesuvium portulacastrum	棲息環境	海岸沙地、海埔地、河口水邊、漁塭等地。
科別	番杏科		
別名	海馬齒		
高度	為常綠小喬木，高達4、5公尺。	觀察季節	全年可見

鹽定

❶ 鹽定。 ❷ 開花。

　　生長於嘉南沿海的鹽濕地，為多年生宿根性草本植物，多生長於海邊高鹽分的灘地上，伏生地面，分枝叢生。葉互生，花細小穗狀花序黃綠色。從它的名稱就可以了解它的特性：屬於肉質鹽生植物，植物體本身有調解鹽分的功能，一般生長的環境土壤較硬，鹽分較高，如廢棄或已收成的鹽田與養殖池等。由於這些地方不適合別種植物生存，所以鹽定成為優勢植物。它還是魚塭堤岸上相當常見的植物種類，也可以保護魚塭堤岸。

學名	*Suaeda nudiflora*	棲息環境	嘉南沿海的鹽濕地。
科別	藜科		
別名	裸花鹵兼蓬		
高度	可達50cm	觀察季節	全年可見

123

蘆葦

　　一般人對「蘆葦」之名朗朗上口，於是將比較容易看到的五節芒也一律稱之為蘆葦，反而正宗的蘆葦卻不為人知。事實上，兩者差異不小！首先，蘆葦一般都長在河邊、沼澤地及沿海的沙洲鹽沼地間，而五節芒則到處可見；其次，蘆葦的節間明顯，花穗為黃褐色，而五節芒的節間不明顯，花穗初綻時為淡紫紅色；葉片較寬大，也不似五節芒那樣鋒利得會割人；最後，可進一步用放大鏡觀察花穗，蘆葦的每一小穗有三朵小花，而五節芒的小穗則只有兩朵小花。

學名 Phragmites communis	
科別 禾本科	**棲息環境** 河邊、沼澤地及沿海的沙洲鹽沼地間。
別名 葦、蘆、蘆笋	
高度 約 2～6m	**觀察季節** 全年可見

雲林莞草

❶ 雲林莞草。 ❷ 結果。

　　說起海濱植物，雲林莞草應該是「最真的」
海濱植物，因為它可是完全泡在海水裡的！它是
多年生草本，具有深棕色地下根莖；莖三角形，
是所有莎草科的共同特徵。五至六月自近莖頂長
出花穗，淡褐色，於先端延伸成長芒。生長於潮
間帶及其他濕地。

學名 *Bolboschoenus planiculmis*
科別 莎草科
別名 普通文蛤、麗文蛤
體長 約 3.5～4cm

棲息環境 潮間帶及其他濕地。

觀察季節 全年可見

馬鞍藤

❶ 花海一片十分壯觀。　❷ 馬鞍形的葉子。

　　耐鹽、耐高鹼性土壤，而且它還有個獨門絕活「地盾法」，就是將莖埋入沙中，只留下角質層深厚的葉片在地表，不但可以減少水分的蒸散，還可防止灼傷，取下一片葉子做成妙鼻貼，還能保護您的鼻子不會被曬傷。每一莖節都會長出不定根，不但可在強勁海風吹襲之下穩定植株，又可深入底層吸取水分，因此成為海濱良好的定沙植物。夏天到海邊，別忘了好好欣賞這美麗的沙灘花后，可得把握時間呵！因為它花開不過午，所以最好與它相約在早晨！

學名	*Ipomoea pescaprae* L.		
科別	旋花科	棲息環境	海邊沙質地。
別名	厚藤、鱟藤		
高度	約 3.5 ～ 4cm	觀察季節	全年可見

甘藻

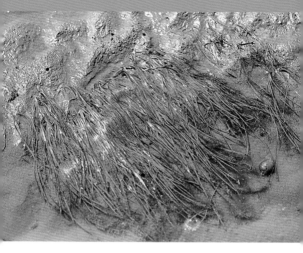

　　為多年生沉水草本單子葉植物，生長在西部海岸潮間帶泥質或沙質、水深約 2 ～ 5 公分的淺水區，耐鹽性強，是草澤地的先驅植物。在香山風情海岸與雲林莞草伴生。藥用：可提煉做成膠囊，具有細胞保護、抗心律失常、抗高血壓和抗動脈粥樣硬化、抗心力衰竭、增強免疫力等作用。

學名	*Zostera japonica*	棲息環境	西部海岸潮間帶泥質或沙質、水深約 2 ～ 5 公分的淺水區。
科別	甘藻科
高度	約 5 ～ 14cm	觀察季節	全年可見

互花米草

❶ 互花米草。　❷ 互花米草之花。

　　是一種多年生草本植物，起源於美洲大西洋沿岸和墨西哥灣，適合生活於潮間帶，外形類似蘆葦，株高100至250公分，除了以種子繁殖外，地下根莖擴展速度驚人，每年可增長 2 至 10 公尺。由於互花米草稈稈密集粗壯、地下根莖發達，能夠促進泥沙的快速沉降和淤積，因此，20世紀初許多國家為了保灘護堤、促淤造陸，先後加以引進。但互花米草在潮灘濕地環境中超強的繁殖力，威脅到原生物種，所以現在許多國家將它視為入侵植物，實施大範圍的控制計畫。

學名	*Spartina alterniflora*	棲息環境	潮間帶
科別	禾本科		
高度	100～250cm	觀察季節	全年可見

蔓荊

1 蔓荊。 2 蔓荊之花。

　　蔓荊為了適應海邊的惡劣環境，已完全演化成抗旱、抗風、耐鹽等特性，如全株木質化、伏地匍匐以及枝葉有密毛等，這種適應能力讓蔓荊可以在海邊來去自如，不論是沙灘、石礫堆、岩石縫或珊瑚礁上，都可以看見成片繁生，紫色的小花在風中搖曳，美得讓人怦然心動！是海濱的優勢植物之一。果實為著名的中藥「蔓荊子」，是去風邪、解熱和治感冒的良藥，在夏天更可以煮成涼茶飲用，清涼之外還有健腦、明目的效用。

學名	*Vitex rotundifolia*	棲息環境	沙灘、石礫堆、岩石縫或珊瑚礁。
科別	馬鞭草科		
別名	海埔姜、白埔姜、山埔姜、埔姜仔	觀察季節	全年可見
高度	50cm 以下		

濱刺麥

❶ 濱刺麥。 ❷ 雌花的花序呈球狀。

　　多年生宿根性草本。莖稈木質化而且匍匐蔓延，每延展一節便長出根來，以抵抗海邊的強風吹襲，長可達數公尺。刺針狀的葉片細長又硬，叢生在枝端。雌雄異株，雄花穗以數枚著生於頂端，成熟後會整個脫落。雌花的花序呈球狀，種子輕又具絨毛，所以很容易被風吹散，是孩童在沙灘上比賽競逐的好玩伴。由於耐鹽、抗風性強，匍匐莖雖被沙淹沒，仍能生長良好，是優良的防風定砂植物。

學名	*Spinifex littoreus*		
科別	禾本科	棲息環境	潮間帶。
別名	濱刺草、貓鼠刺		
高度	30～50cm	觀察季節	全年可見

❶ 構樹。
❷ 鮮紅的果實，是
　鳥兒的最愛。

　　葉背布滿細毛茸，但葉面十分粗糙，葉型變
化很大。幼樹的葉呈深缺刻狀分裂，成熟的樹是
心狀卵形葉。雄花是長條狀的葇荑花序；雌花則
排列成球狀。雌花在夏季會結又甜又多汁的橘紅
色果實。樹皮纖維質，可用來製造桑皮紙。在藥
用方面，有滋腎、強筋骨、清肝、明目的功效。

學名	*Broussonetia papyrifera*	**棲息環境**	廣泛分布於平地及低海拔地區。
科別	桑科		
別名	鹿仔樹、奶樹、造紙樹		
高度	可達 16m	**觀察季節**	全年可見

黃槿

❶ 黃槿。 ❷ 黃槿花開。

　　看到黃槿，就有許多的回憶。小時候，常會和同伴爬到黃槿樹上抓「樹猴」（絨黑斑象鼻蟲）逗著玩；採下黃槿的花蕊黏附在臉頰、鼻尖，扮小丑、玩家家酒等趣味裝扮；媽媽要做「包仔粿」時，總免不了叫我們去採些又大又鮮的「粿葉」回來包粿。嘴饞時，採些黃槿的花朵洗淨，請媽媽沾粉油炸，就是一道可口的美食！由於樹性堅韌又耐鹽、防風，是很好的防風定沙樹種，在濱海地區被大量栽植做為防風林。

學名	*Hibiscus tiliaceus*	
科別	錦葵科	
別名	粿葉、鹽水面頭果、古老仔	棲息環境 平地或濱海地區
高度	4～7m	觀察季節 全年可見

菟絲

❶ 菟絲。 ❷ 菟絲花。

　　我們形容「菟絲戀」是糾纏不清的愛情，如果看過菟絲子，便不難理解個中原由。菟絲子是海邊常見無根無綠色葉的寄生性植物，絲狀莖會隨處生出吸器，吸附在寄主身上。細長的黃色莖以左旋纏繞方式揪住寄主，經過大量繁衍，蔓莖纏繞成一片濃密網線，重重纏繞之後，更理不出頭緒；寄主往往也已被抽乾養分，生命岌岌可危了。莖枝可以敷治瘡毒、腫毒及黃疸，民間傳說還可治糖尿病。

學名	*Cuscuta australis*	棲息環境	開闊向陽的砂灘、堤防、平野。
科別	旋花科		
別名	無根草、豆虎，菟絲、無根葛、唐蒙、菟縷	觀察季節	全年可見

番杏

　　番杏的葉片肥厚又具有絨毛，是很常見的海濱植物。花很小，沒有花瓣只有花萼，不太容易看出來，反而是倒圓錐形的果實，側面有 4 至 5 個角狀突起，成熟時會變得堅硬，是很特殊的造形，容易辨識。滋味鮮美的番杏是野菜中的翹楚，也因此有「紐西蘭菠菜」的別稱。日本、東印度群島等地區都將它當成蔬菜大量栽培，同時也是最好的養雞飼料。全株肥嫩多汁，有生津止渴的效用，近來又因聽說有治療胃癌、食道癌之藥效，而成為聲名大噪的健康野菜。

學名 Tetragon tetragonoides	
科別 番杏科	**棲息環境** 海濱砂灘或石礫間。
別名 蔓菜、紐西蘭菠菜	
高度 40～80cm	**觀察季節** 全年可見

草海桐

❶ 草海桐。　❷ 草海桐之花。

　　匍匐狀常綠多年生小灌木，莖部粗大，葉互生。春至夏季開花，聚繖形花序，花冠筒狀，左右對稱而非輻射對稱，花朵好似缺了一半，所以有半邊蓮之稱。核果為白色球形。為海邊防風、定砂、綠化、美化樹種。草海桐的嫩葉及多汁美味的果實可供食用；根有毒；葉、樹皮能治腳氣病，葉治扭傷、風濕關節痛，全株搗敷可治腫毒。

學名	*Scaevola sericea*		
科別	草海桐科	棲息環境	海濱沿岸。
別名	水草、海草、海桐草、草扉、水草仔、大網梢、細葉水草、半邊蓮		
高度	2～3m	觀察季節	全年可見

海檬果

① 海檬果花。 ② 海檬果果實。

　　常綠小喬木。原產地為印度、緬甸、馬來西亞、菲律賓、琉球、澳洲及中國廣東和台灣。枝幹有明顯皮目，全株含豐沛之白色乳汁。葉有柄，倒披針形或倒卵形，全緣。聚繖花序，花冠如雞蛋。常被種為庭園樹。果實和果仁的毒性最強，誤食會讓人噁心、嘔吐、腹痛、腹瀉、手腳麻木、冒冷汗、血壓下降、呼吸困難、心跳停止等。

學名	*Cerbera manghas*
科別	夾竹桃科
別名	水草、海草、海桐草、草扉、水草仔、大網梢、細葉水草、半邊蓮
高度	可達 10m

棲息環境	海濱沿岸。
觀察季節	全年可見

含羞草

含羞草的花形別緻，莢果外形奇特，成熟時自節處斷開，只留下長滿刺毛的莢緣，是非常奇妙的「節莢果」。含羞草最有名的睡眠運動，讓它成為生物課本的最佳植物教材之一，也是小朋友最喜歡的

植物朋友。但它那尖銳的棘刺，卻是許多阿兵哥的最痛！因為野地裡常會有含羞草，阿兵哥訓練匍匐前進時，那種刺骨之痛，沒有經歷過的人，是很難體會的。如果仔細觀察含羞草的葉柄，可以發現其基部膨大成「葉枕」的構造，葉枕內充滿水液。若有外力碰觸，水液會四散流失，於是每片小葉便紛紛下垂閉合，不過大約 20 分鐘之後又可恢復原狀。除了外力碰觸之外，任何風吹草動也會讓含羞草閉合下垂。到野外時不妨仔細觀察這奇妙的植物構造及神奇變化。屬民間草藥，根莖煮茶可抑制糖尿之升高。

學名	*Mimosa pudica*
科別	含羞草科（豆科）
別名	見笑草、怕癢花、懼內草
高度	20～60cm

棲息環境	路旁、空地、草生地、河邊或海邊。
觀察季節	全年可見

月見草

　　月見草這個美麗的名稱，源於它在傍晚見月開花且天亮後即凋謝，故得此名。月見草的使用歷史已超過千年，美洲的印地安人用它克服了許多疾病（如：止痛、氣喘等）。在十七世紀，月見草更被譽為「帝王萬靈藥」，為歐洲貴族普遍使用。歐美國家應用它來減緩女性生理期的不適，已有非常悠久的歷史。月見草為美洲本土植物，為一年生或二年生，葉子長而尖，第二年才開花，花謝後即結果。種子含油，為油脂植物之一。單葉互生、穗狀花序，花黃色，花期約 4 ～5 月。蒴果倒卵球形。種子非常多。為常用的中草藥。

學名	*Oenothera biennis*		
科別	柳葉菜科	棲息環境	向陽處及乾燥、砂質或石質的環境。
別名	待霄花、待霄草、夜來香、晚櫻草、夜佳麗		
高度	5 ～ 50cm	觀察季節	全年可見

蓖麻

　　蓖麻是多年生的草本，植株高大。幼嫩部分被有蠟質粉霜，掌狀盾形葉具有長柄，感覺不太容易親近的樣子。雌雄同株，蒴果球形有刺，種子橢圓形，表面光滑多花紋。全株有毒，尤其種子，兒童 3～4 顆、成人 20 顆，即可造成中毒死亡。日據時代，日軍鼓勵種植，種子榨油後，做為戰車、機械的潤滑油。另外蓖麻子油在醫藥上可做為瀉劑，莖葉可以治風濕和跌打損傷，嫩葉搗爛後，可以治各種腫毒、皮膚病和腳氣病。小時候聽說，它有消腫的作用，所以往往在被處罰後，趕緊採來抹一抹，也不知道是不是真的有效，不過還是少試為妙。

學名 *Ricinus communis*
科別 大戟科
別名 篦麻子、紅都蓖、紅麻、金豆、洋麻子
高度 5m 以上
棲息環境 陽光充足的荒廢地。
觀察季節 全年可見

林投

　　林投是台灣常見的海濱植物，成群聚生，或與草海桐、黃槿混生，組成優勢的海岸灌叢群落；它也會在沙灘上落腳，是很好的防風定砂植物，有海邊的「綠色長城」美稱。林投的葉片排列十分特殊，呈螺旋狀包覆，葉緣及中肋布滿許多逆刺，所以也是海防部隊的圍籬植物。小朋友常會將其葉上的銳刺去除，撕成細條，再捲成筒狀做成小喇叭，或拿來編織草帽、籃子。林投的雄花外覆芳香的佛焰苞片，常會引來無數蜜蜂、螞蟻，它的花粉也是蜜蜂幼蟲的美食。據說，印度人將濃烈芳香的雄花丟入水井中，讓井水的味道更好；印度菜或香水也會使用從雄花白色苞片上萃取出來的香油。它的莖頂芽梢如春筍般美味，果實可做為藥用，是用途頗多的植物。

學名 *Pandanus odoratissimus*
科別 露兜樹科
別名 華露兜、露兜樹
高度 3～5m
棲息環境 海岸林的最前線。
觀察季節 全年可見

附錄

各種河口環境的生物分布

泥灘區

東方環頸鴴、濱鷸、磯鷸、青足鷸、赤足鷸、台灣招潮蟹、弧邊招潮蟹、清白招潮蟹、黃螯招潮蟹、屠氏招潮蟹、粗腿綠眼招潮蟹、勝利黎明蟹、角眼拜佛蟹、台灣厚蟹、秀麗長方蟹、短身大眼蟹、萬歲大眼蟹、隆背張口蟹、鋸緣青蟳、大彈塗、彈塗魚、青彈塗、公代薄殼蛤、蟹螯織紋螺

沙灘區

東方環頸鴴、磯鷸、青足鷸、赤足鷸、弧邊招潮蟹、清白招潮蟹、糾結清白招潮蟹、黃螯招潮蟹、三角招潮蟹、四角招潮蟹、粗腿綠眼招潮蟹、日本蟳、角眼拜佛蟹、斯氏沙蟹、角眼沙蟹、長趾股窗蟹、雙扇股窗蟹、短指和尚蟹、豆形拳蟹、文蛤、花蛤、環文蛤、西施舌、竹蟶、沙蠶、裸體方格星蟲、馬鞍藤

礫石區（含礁石、消波塊）

東方環頸鴴、磯鷸、四角招潮蟹、角眼拜佛蟹、神妙擬相手蟹、褶痕擬相手蟹、雙齒近相手蟹、平背蜞、方形大額蟹、肉球近方蟹、絨毛近方蟹、肉球皺蟹、皺紋團扇蟹、日本岩瓷蟹、綠殼菜蛤、海瓜子、粗紋玉黍螺、蚵岩螺、大牡蠣、紋藤壺、縱條磯海葵、沙蠶

沼澤區（含紅樹林、草澤）

大白鷺、小白鷺、黃頭鷺、夜鷺、蒼鷺、埃及聖鹮、高蹺鴴、東方環頸鴴、磯鷸、青足鷸、赤足鷸、紅冠水雞、白腹秧雞、緋秧雞、小燕鷗、翠鳥、黃鶺鴒、尖尾鴨、赤頸鴨、杜松蜻蜓、薄翅蜻蜓、紫紅蜻蜓、猩紅蜻蜓、彩裳蜻蜓、弧邊招潮蟹、清白招潮蟹、糾結清白招潮蟹、黃螯招潮蟹、屠氏招潮蟹、粗腿綠眼招潮蟹、日本蟳、角眼拜佛蟹、神妙擬相手蟹、褶痕擬相手蟹、雙齒近相手蟹、印痕仿相手蟹、隆背張口蟹、無齒螳臂蟹、欖綠青蟳、字紋弓蟹、大彈塗、彈塗魚、青彈塗、粗紋玉黍螺、中華花龜、水筆仔、海茄冬、欖李、紅海欖、濱水菜、鹽定、蘆葦、雲林莞草、甘藻、互花米草

淺水區（含溪流）

大白鷺、小白鷺、黃頭鷺、夜鷺、蒼鷺、埃及聖鹮、高蹺鴴、青足鷸、赤足鷸、紅冠水雞、緋秧雞、翠鳥、黃鶺鴒、杜松蜻蜓、薄翅蜻蜓、紫紅蜻蜓、猩紅蜻蜓、彩裳蜻蜓、勝利黎明蟹、日本蟳、豆形拳蟹、印痕仿相手蟹、字紋弓蟹、花身雞魚、大鱗鯔、斑海鯰、星點多紀魨、黑鯛、吉利慈鯛、鯽、中華花龜

池塘、稻田區

黃頭鷺、夜鷺、蒼鷺、埃及聖鹮、高蹺鴴、東方環頸鴴、磯鷸、青足鷸、赤足鷸、紅冠水雞、白腹秧雞、緋秧雞、小燕鷗、翠鳥、黃鶺鴒、杜松蜻蜓、薄翅蜻蜓、紫紅蜻蜓、猩紅蜻蜓、彩裳蜻蜓、黃守瓜、無齒螳臂蟹、中華花龜

25 處觀察河口生物
推薦地點

新北市八里區**挖子尾紅樹林生態保護區**
桃園縣新屋鄉**新屋溪口**
新竹縣新豐鄉**紅毛港**
新竹市**香山濕地**
苗栗縣竹南**紅樹林生態保護區**
苗栗縣後龍鎮**後龍溪口**
苗栗縣通霄**西濱生態教育園區**
台中市大甲區**福德戶外教室**
台中市大甲區**建興戶外教室**
台中市**大安農漁休閒園區**
台中市**高美野生動物保護區**
台中市龍井區**麗水戶外教室**
彰化縣伸港鄉**西濱生態教育園區**
彰化縣**福寶、漢寶濕地**
彰化縣**王功、芳苑濕地**
嘉義縣東石鄉**鰲鼓濕地**
嘉義縣布袋鎮**好美寮生態保護區**
台南市**四草、七股濕地**
高雄縣**永安、蚵寮濕地**
屏東縣東港鎮**大鵬灣風景區**
屏東縣車城鄉**保力溪口**
台東縣卑南鄉**杉原海水浴場**
花蓮縣豐濱鄉**秀姑巒溪口**
宜蘭縣蘇澳鎮**無尾港濕地**
宜蘭縣五結鄉**蘭陽溪口**

國家圖書館出版品預行編目資料

河口：111種河口生物的奧祕／鄭清海作,
——第一版.—— 新北市 ； 人人, 2015.07
面 ； 公分. ——（自然時拾樂系列）
ISBN 978-986-461-008-2（平裝）
1.生物志 2.河口 3.臺灣
366.33   104012796

自然時拾樂系列

河口
111種河口生物的奧祕

作者／鄭清海
系列主編／樓國鳴
美術裝幀／洪素貞
發行人／周元白
排版製作／長城製版印刷股份有限公司
出版者／人人出版股份有限公司
地址／23145新北市新店區寶橋路235巷6弄6號7樓
電話／（02）2918-3366（代表號）
傳真／（02）2914-0000
網址／http://www.jjp.com.tw
郵政劃撥帳號／16402311 人人出版股份有限公司
製版印刷／長城製版印刷股份有限公司
電話／（02）2918-3366（代表號）
經銷商／聯合發行股份有限公司
電話／（02）2917-8022
第一版第一刷／2015年7月
定價／新台幣 200元